有机电子学实验

YOUJI DIANZIXUE SHIYAN

杨　凤　游劲松　宾正杨／编著

项目策划：李思莹
责任编辑：李思莹
责任校对：胡晓燕
封面设计：墨创文化
责任印制：王　炜

图书在版编目（CIP）数据

有机电子学实验 / 杨凤，游劲松，宾正杨编著． —
成都 ：四川大学出版社，2021.12
ISBN 978-7-5690-4457-7

Ⅰ．①有… Ⅱ．①杨… ②游… ③宾… Ⅲ．①有机半导体－半导体电子学－实验－高等学校－教材 Ⅳ．
① TN304.5

中国版本图书馆 CIP 数据核字（2021）第 013602 号

书名　有机电子学实验

编　　著　杨　凤　游劲松　宾正杨
出　　版　四川大学出版社
地　　址　成都市一环路南一段 24 号（610065）
发　　行　四川大学出版社
书　　号　ISBN 978-7-5690-4457-7
印前制作　四川胜翔数码印务设计有限公司
印　　刷　成都市新都华兴印务有限公司
成品尺寸　185mm×260mm
印　　张　10.25
字　　数　251 千字
版　　次　2021 年 12 月第 1 版
印　　次　2021 年 12 月第 1 次印刷
定　　价　42.00 元

◆ 读者邮购本书，请与本社发行科联系。
电话：(028)85408408/(028)85401670/
(028)86408023　邮政编码：610065
◆ 本社图书如有印装质量问题，请寄回出版社调换。
◆ 网址：http://press.scu.edu.cn

四川大学出版社
微信公众号

前　　言

随着科技的进步和国家产业结构的调整，社会对新兴学科人才的需求日益增加。与此同时，人们越来越关注高效节能、绿色环保的高新技术的研究和应用，包括基于有机半导体的光电器件，例如有机电致发光二极管（OLED）、有机场效应晶体管（OFET）、有机太阳能电池（OSC）等。随着高新技术产品（例如搭载OLED显示技术的全面屏手机和曲面屏手机等）逐渐应用于生活和生产的各个领域，针对有机光电材料和器件的研究成为科学研究的重要前沿课题之一。

有机光电材料和器件的研究与应用具有研究方法多、涉及领域广、学科交叉性强、融合程度深、产业应用领域多等特点。多学科交叉研究在促进科学技术和社会发展中的地位越来越重要，在有机光电材料和器件研究领域，多学科交叉融合尤为突出。为了顺应社会发展的需求，提高人才的基本素质，部分高校增设了有机电子学相关的基础理论和实验课程。本书主要为有化学、材料、物理、电子科学与技术等专业背景的高年级本科生开展实验课程提供教学资源。同时，本书也为即将从事光电器件科研工作或者对本领域感兴趣的研究生提供技能培训资源。在开展本科实验教学的过程中，理论教学、仪器培训和实验教学相结合，不仅可以帮助学生巩固理论知识和增进对仪器的认识，而且可以提高学生的动手能力和实验能力。

本书共4章，包括背景知识、上机培训、基础实验和综合实验设计等内容。第1章简明扼要地介绍了有机电致发光二极管（OLED）和有机场效应晶体管（OFET）的背景知识，包括器件结构、工作原理、性能指标、制作工艺等内容。第2章对仪器的工作原理和操作方法进行讲解和说明。本章介绍的仪器包括手套箱、等离子体清洗机、旋涂仪、高真空镀膜机、薄膜控制仪、自动封装仪、光谱测试仪、发光二极管测试仪、半导体测试仪（OLED和OFET性能测试）和台阶仪。第3章包括高真空镀膜机的Tooling Factor标定、有机光电材料能级参数的测定、相对荧光量子产率的测定、阳极界面修饰对单空穴器件电学性能的影响、TADF-OLED 制备和性能测试、OFET 制备和性能测试六个基础实验。第 4 章包括器件结构对 OLED 光电性能的影响、三（8－羟基喹啉）铝光学特性研究、栅绝缘层界面修饰对 OFET 性能的影响三个综合实验。

限于编者的水平和经验，书中难免存在缺点或者错误，恳请各位专家和读者批评指正，以促进教材质量不断提高，编者谨致谢意。

编　者

2021 年 6 月于四川大学

目　录

第 1 章　背景知识

本章主要介绍有机电致发光二极管（OLED）和有机场效应晶体管（OFET）的相关概念以及器件结构、工作原理、性能指标和制作工艺等背景知识。通过本章的学习，学生可以掌握 OLED 和 OFET 领域的相关基础知识，为下一步有机电子学实验储备必要的理论知识。

1.1　有机电致发光二极管

1.1.1　概述

电致发光（Electroluminescence，EL）是活性物质在电场的作用下产生光辐射的过程。如果活性物质为有机物，则称为有机电致发光（Organic Electroluminescence，OEL)。基于不同的发光原理，电致发光器件可分为薄膜电致发光器件（Thin-Film Electroluminescence Device，TFELD)、无机电致发光二极管（Light Emitting Diode，LED）和有机电致发光二极管（Organic Light Emitting Diode，OLED)。其中，OLED 的基本结构是单层或者多层的有机物内嵌于两个电极之间，如图 1.1 所示。此器件中不存在 PN 结，也不存在自由载流子，正、负载流子分别由两个电极注入，在电场作用下相向输运，部分载流子在发光层发生复合，产生激子，进而产生光辐射。OLED 是载流子双注入型发光器件，注入的电子和空穴在有机活性材料中复合而产生发光现象，这也是有机电致发光器件被称为有机电致发光二极管的原因。

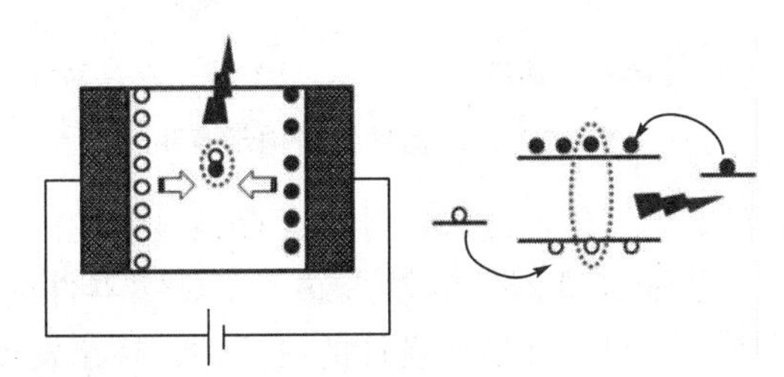

图 1.1　电极-有机活性材料-电极（MIM）夹心结构的注入型电致发光二极管

有机活性材料的性质直接决定了 OLED 的性质：①OLED 中不存在 PN 结，也不可能通过掺杂的方法得到重复性好且不受化学反应和扩散影响的稳定的 PN 结；②OLED

中的载流子完全由电场注入，在无外加电场的条件下不存在自由载流子；③OLED 中的有机薄膜具有无序性，载流子以迁移率极低的跃进方式输运，倾向于定域化和极化。OLED 正、负载流子的复合产生相对定域化的激子，并产生激子型的光辐射。

1.1.2 有机电致发光二极管的结构

科研工作者通过改变 OLED 的结构、合成或引入新材料，提高器件的发光效率，降低驱动电压，优化光色纯度，增强器件的稳定性和延长器件的寿命等。根据发光层中发光物质的存在形式，可将 OLED 分为主体发光器件和掺杂发光器件两类。根据器件中有机活性材料的层数，可将 OLED 分为单层器件、双层器件、三层器件和多层器件等。此外，由于白光 OLED 对光色的要求，器件结构较为特殊，分为单层器件和多层器件。下面将简单介绍 OLED 的分类情况和各活性层的作用，以便学生根据实际需求设计器件结构。

1.1.2.1 按发光材料的存在形式分类

按发光材料的存在形式，OLED 可分为主体发光器件和掺杂发光器件。图 1.2 是三层器件的结构示意图，其中 ETL 和 HTL 分别代表电子传输层和空穴传输层。主体发光器件中，发光材料是以聚集的方式成膜。此类器件结构简单，发光中心较多，如图 1.2（a）所示。如果有机发光材料在低浓度时发出强光，在分子聚集态时具有强烈的浓度猝灭性质，此有机发光材料就不适用于主体发光器件。通常将具有浓度猝灭性质的发光材料分散于主体材料中，制作成掺杂发光器件，如图 1.2（b）所示。与主体发光器件不同，掺杂发光器件的掺杂材料不仅可以直接俘获载流子，而且激子形成过程中还存在能量由主体材料向掺杂材料的转移。

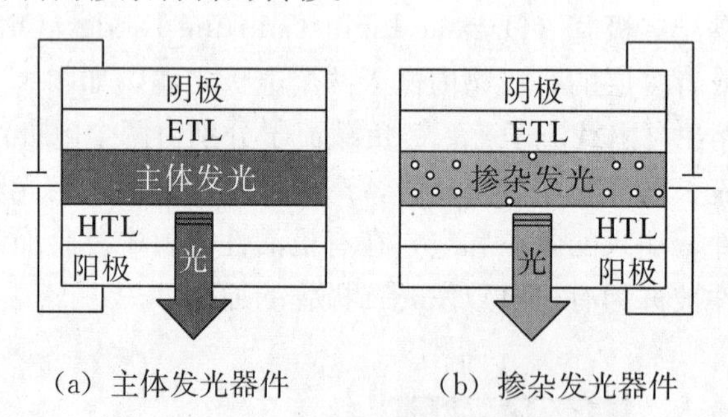

（a）主体发光器件　　（b）掺杂发光器件

图 1.2　三层器件的结构示意图

掺杂发光器件结构复杂，器件性能和设计方面存在显著的优点。首先，通过掺杂的方式可以防止浓度猝灭，从而提高器件的发光效率，延缓器件的老化，延长器件的寿命；其次，通过掺杂的方式可以增加器件设计的灵活性。掺杂发光层的主体材料调节发光层与相邻两层之间的载流子注入势垒和发光层的载流子传输能力，掺杂材料控制发光层的发光性能。因此，掺杂发光器件设计时可将发光层的电学性能和光学性能分开考虑，即主体材料调控发光层的电学性能，掺杂材料调控发光层的光学性能，从而降低掺杂发光器件对功能材料的分子设计要求。

1.1.2.2　按有机活性材料的层数分类

按有机活性材料的层数，OLED 可分为单层器件、双层器件、三层器件和多层器件（每层薄膜的厚度从几纳米到几十纳米不等）。常见的 OLED 的结构如图 1.3 所示。

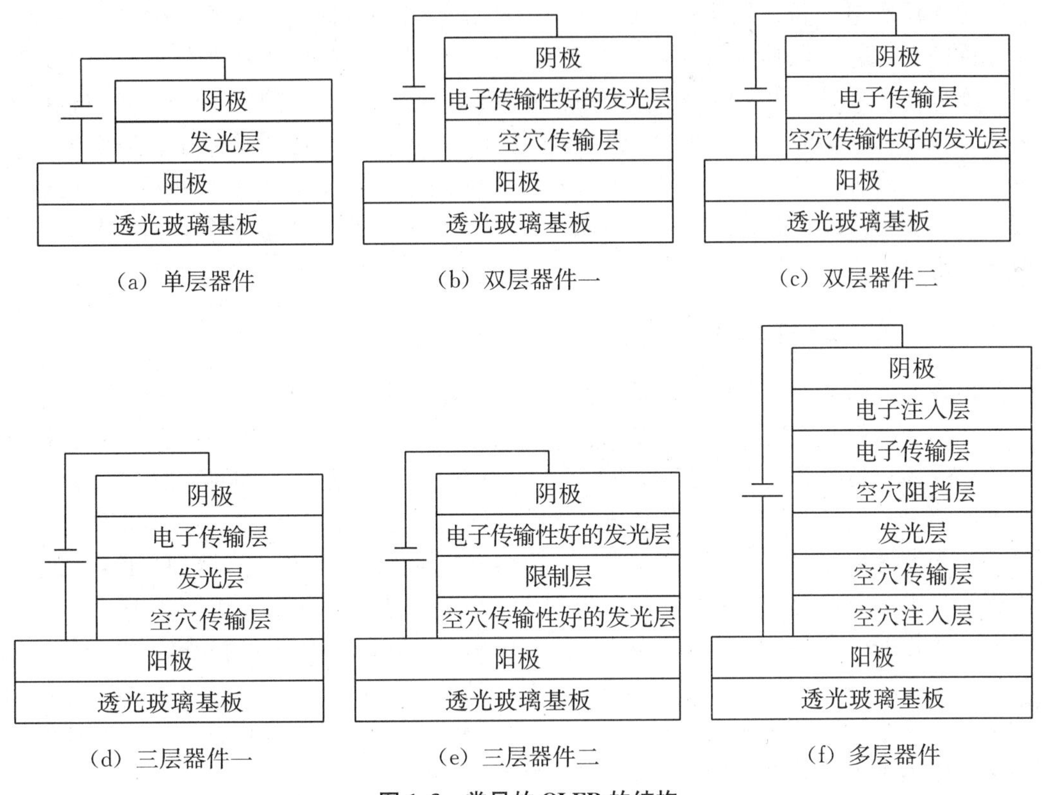

图 1.3　常见的 OLED 的结构

单层器件是最简单的有机电致发光器件，有机发光材料夹在一对电极之间，形成"三明治"结构，如图 1.3（a）所示。单层器件的耐久性好，但光电性能较差。一般有机材料的载流子传输能力较为单一，且多数有机材料的空穴输运能力比电子输运能力强，极少数有机材料具有传输空穴和电子的双极性输运能力。因此，由电极注入的电子和空穴经过有机层的传输，将在阴极附近复合并形成激子，导致激子在金属阴极表面猝灭，降低器件的量子效率。此外，正、负载流子传输不平衡，大部分空穴没有足够的电子与之复合，导致载流子复合概率降低，这进一步降低了器件的量子效率。将正、负载流子迁移率相当的材料作为有机活性层或者增加活性层厚度，使载流子复合区域远离阳极、阴极（20～30 nm 及以上），可以避免激子在电极表面猝灭。有机材料迁移率的局限性和器件载流子注入能力导致单层器件的功率效率极低，因此单层器件不易实现低电压、高效率。

为了克服单层器件的载流子注入势垒和传输能力等问题，在电极和发光层之间插入注入材料、传输材料、阻挡材料、限制材料等，构建两层及以上的器件结构，如图 1.3

(b) ~ (f) 所示。图 1.3 (d) 所示的三层器件，在阳极与发光层之间嵌入空穴传输层，在阴极与发光层之间嵌入电子传输层，不仅可以降低载流子的注入势垒，平衡载流子的传输速率，而且可以将激子限制在发光层，提高器件的发光效率。图 1.3 (e) 所示的三层器件的中间层为限制层，它对正、负载流子的输运都起到了限制作用，限制部分空穴由空穴传输层进入电子传输层，限制部分电子由电子传输层进入空穴传输层，从而使空穴传输层和电子传输层都发生载流子复合，产生激子和发生辐射跃迁。图 1.3 (e) 所示的三层器件不仅具备双层器件的优点，而且限制层①可以使器件产生两个发光区域，发出多种光色。为了进一步提高器件的综合性能，得到某种发光颜色，可以根据实际需求设计器件结构。图 1.3 (f) 所示的多层器件中嵌入了电子注入层、空穴阻挡层和空穴注入层等有机活性层，以降低各有机活性层间的能垒，增加正、负载流子的输运能力，并使空穴停留在发光层，提高载流子在发光层中的复合概率，从而进一步提高器件的光电性能。

1.1.2.3 白光器件的结构

白光器件的结构较为复杂，通常需要将不同光色进行混合才会产生白光效果。常见的获得白光器件的方法：①单一发光层的掺杂白光器件：具有不同发射光谱的材料掺杂于同一主体材料中形成发光层，如图 1.4 (a) 所示。发光层可以是两种或者三种发光材料的组合，也可以是具有白色电致发光特性（白光特性）的单一材料。②多发光层组合的白光器件：器件中存在多个发光层，每个发光层可产生一种或者两种光色，白色发射光谱是由多个发光层中不同颜色的发射光谱组合产生的，如图 1.4 (b) 所示。③存在能量转移的白光器件：器件产生的高能发射光谱（例如蓝色的发射光谱）将部分能量转移给透明电极表面的低能发光材料（例如橙色、红色等），产生组合白光，如图 1.4 (c) 所示。与其他电致发光器件一样，为了提高器件的光电性能，白光器件的结构远比图 1.4 中展示的要复杂得多，本节不进行详细介绍。

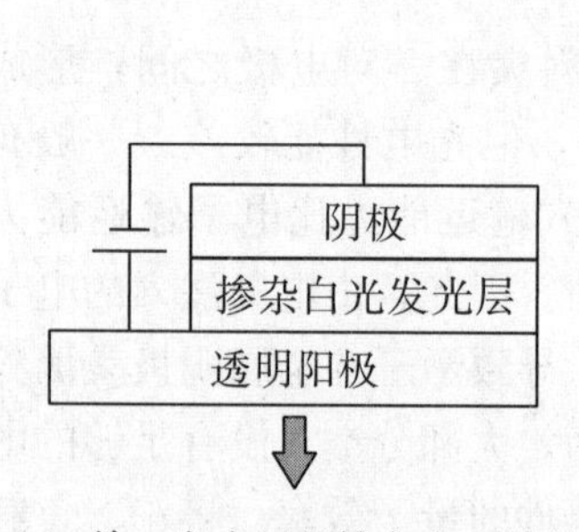

(a) 单一发光层的掺杂白光器件

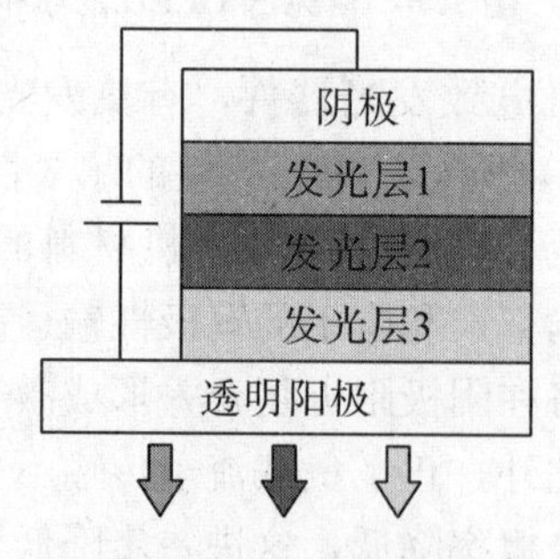

(b) 多发光层组合的白光器件

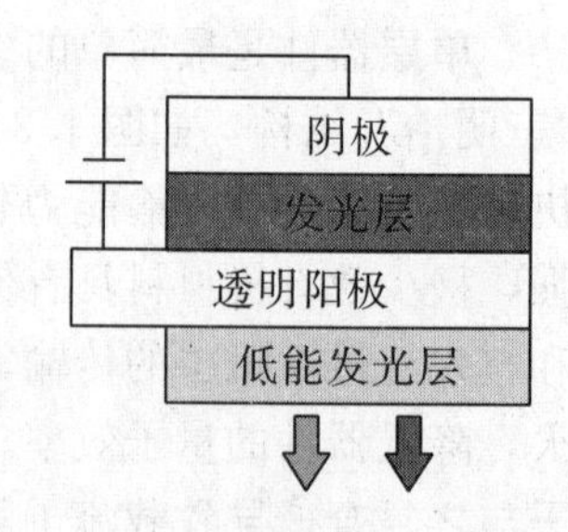

(c) 存在能量转移的白光器件

图 1.4 获得白光器件的方法

---

① 三层器件的限制层不仅可以限制空穴向阴极方向迁移，而且可以限制电子向阳极方向迁移。因此，限制层必须具有较低的最高占据能级（HOMO）和较高的最低空置能级（LUMO）。

1.1.3　有机电致发光二极管的工作原理

有机电致发光二极管的工作原理可视为在一定的电压驱动下，电子和空穴分别从阴极（低功函数的金属）和阳极（高功函数的金属，例如ITO透明电极）注入电子传输层（ETL）和空穴传输层（HTL），经由ETL和HTL将载流子（电子和空穴）输运至发光层，部分载流子在发光层相遇并产生激子，激子经过辐射弛豫产生发光现象，如图1.5所示。

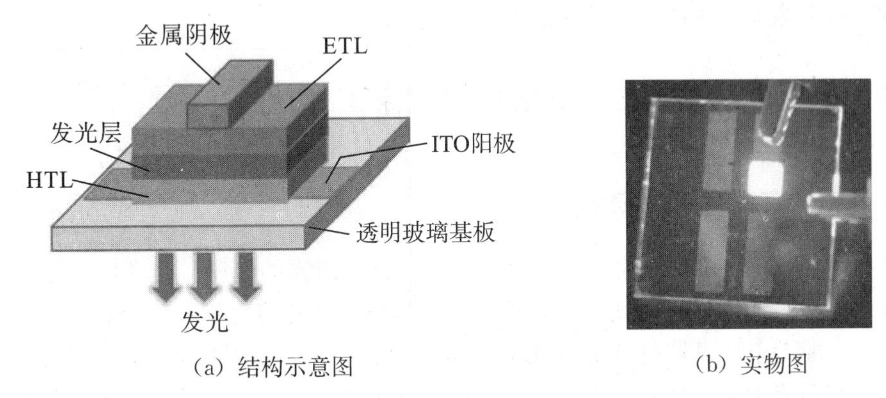

（a）结构示意图　　（b）实物图

图1.5　OLED的结构示意图和实物图

在OLED中，一般认为有机薄膜与阳极、阴极之间的界面是欧姆接触。在外电场作用下，有机薄膜的电子最高占据能级（HOMO）和最低空置能级（LUMO）发生倾斜，使空穴注入势垒（φ_{Bh}）和电子注入势垒（φ_{Be}）降低，如图1.6（a）所示。注入HOMO的空穴和注入LUMO的电子形成空间电荷，在电场作用下，电荷相向输运，部分相遇并复合形成激子，激子通过辐射跃迁至基态，产生电致发光现象。

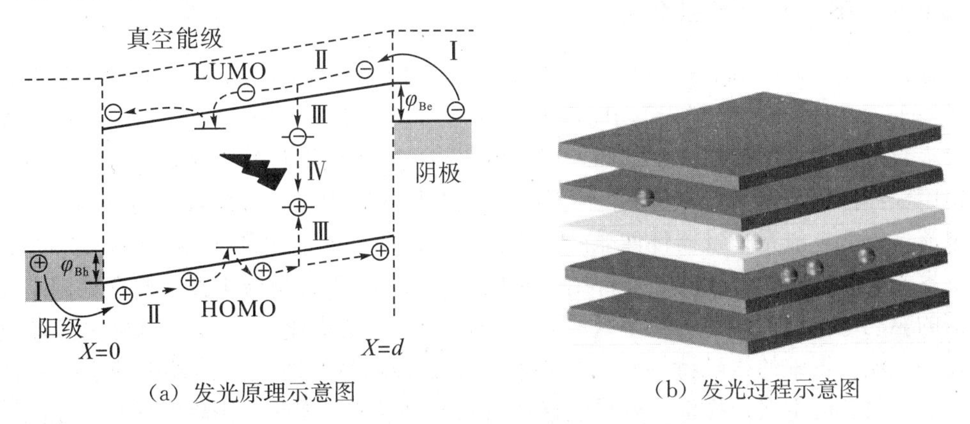

（a）发光原理示意图　　（b）发光过程示意图

图1.6　OLED的发光原理和发光过程示意图

如图1.6所示，OLED发光可简单地分为以下四个过程：

（1）载流子注入：OLED通电后，电子和空穴分别由阴极和阳极注入电极之间的有机活性层。

（2）载流子传输：在外电场作用下，电子向正极迁移，空穴向负极迁移。正、负载流子相向输运过程中，多数载流子被杂质或者缺陷捕获而失活，部分活性载流子可能相遇，也可能失之交臂。此外，载流子可能在非发光层相遇，也可能在发光层相遇。只有在发光层相遇的载流子才可能因复合产生激子而发光。

（3）激子产生：在外电场作用下，注入的电子和空穴相遇配对，形成电子-空穴对。电子-空穴对具有一定的寿命，约为皮秒至纳秒量级，称为激子。

（4）激子衰减与发光：激子以辐射形式衰变跃迁至基态产生发光现象。有机电致发光过程将产生单线态激子和三重态激子。单线态激子辐射衰变产生荧光，寿命较短；三重态激子辐射衰变产生磷光，寿命较长。

1.1.4 有机电致发光二极管的性能指标

1.1.4.1 启亮电压和驱动电压

启亮电压（U_0）一般是指器件亮度为 1 cd/m^{2}时所需的电压。启亮电压越低，说明器件两个电极与活性材料之间的欧姆接触特性越好，活性层之间的势垒越低，载流子越容易注入。驱动电压是器件正常工作时所需的电压。器件的驱动电压大于启亮电压。OLED 是双载流子注入型发光器件，驱动电压一般较低，可以在几个或者十几个伏特电压下工作。阳极、阴极处的注入势垒决定了驱动电压。阳极功函数与有机材料的 HOMO 之差决定了空穴注入势垒，阴极功函数与有机材料的 LUMO 之差决定了电子注入势垒。当注入势垒较高时，电极需提供较高的能量以克服较大的注入势垒，导致器件的驱动电压也较高。然而，较高的驱动电压将加速器件的老化，缩短器件的使用寿命。

1.1.4.2 器件亮度和器件电流

器件亮度（Luminance，L）是指垂直于光束传播方向单位面积上的发光强度，单位为每平方米坎德拉（cd/m^2），即流明（lm），1 cd/m^2 = 1 lm。器件亮度是衡量器件性能最直接的参数。器件亮度越高，启亮电压越低，说明器件性能越好。空穴和电子分别由阳极和阴极注入后，在电场的作用下，在有机薄膜中以跃进模式相向移动，形成器件电流。器件电流是衡量器件性能的重要指标，反映了一定电压下器件载流子的浓度。对于发光材料量子效率相同、器件结构相似的 OLED，器件电流大意味着获得固定亮度所需的驱动电压低，器件的功率效率低。因此，设计及优化 OLED 的目标之一就是提高器件电流。器件的接触特性和有机材料自身的传输特性决定了器件电流。一般情况下，有机材料的空穴迁移率比电子迁移率高几个数量级。因此，排除电接触类型的因素后，OLED 的驱动电压和功率效率在很大程度上取决于从阴极到发光层的电子密度。

1.1.4.3 发光效率和电流效率

有机电致发光二极管的工作机制是注入载流子后产生光发射。器件的光发射性能用发光效率来衡量，常见的衡量方法有三种：①电流效率：器件发光亮度与注入电流密度的比值，单位为 cd/A；②功率效率：输出光功率与输入光功率的比值，单位为 lm/W；③量子效率：发射光子数占注入载流子数的百分比。量子效率分为内量子效率（Internal Quantum Efficiency，IQE）和外量子效率（External Quantum Efficiency，EQE）。内量子效率是指器件产生光辐射的总光子数占注入载流子数的百分比。外量子效率是指从器件发射出来的总光子数占注入载流子数的百分比。如图 1.7 所示，OLED 是多层结构，发光层发出的光经过各层薄膜介质时发生反射、折射、吸收等，部分光子被损耗。因此，OLED 发光层产生的光子数要远大于器件表面发射出来的光子数。内量子效率是排除上述光学过程后发光层的发光效率。外量子效率是观测方向上透射出器件表面的发光效率。

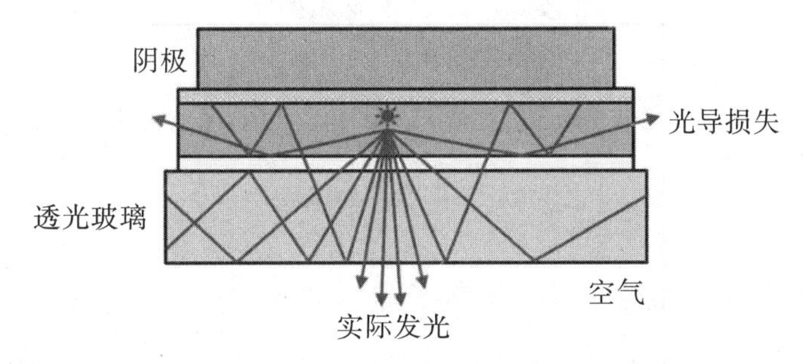

图 1.7　OLED 内部产生光辐射和透射出光的示意图

已知器件电压对应的电流密度和发光亮度，由公式（1－1）和公式（1－2）可得到器件的电流效率（η_c，cd/A）和功率效率（η_p，lm/W）：

$$\eta_c = \frac{B}{J} \tag{1-1}$$

$$\eta_p = \frac{\pi B}{JU} \tag{1-2}$$

式中：B 为发光亮度，单位为 cd/m^2；U 为工作电压，单位为 V；J 为电流密度，单位为 A/m^2。

器件各效率表达式之间的关系如下：

$$\eta_p = \frac{\bar{E}}{U}\eta_{EQE} = \frac{\pi}{U}\eta_c \tag{1-3}$$

式中：$\bar{E}$ 为电致发光光谱范围内一个光子的平均能量，是与波长范围及强度分布相关的量，单位为 eV。不同波长光子所具有的能量不同，$E = hc/\lambda$。

1.1.4.4　色度

OLED 的发光颜色可用色度坐标来表示。色度是色彩的纯度，通常为色调与饱和度两者的合成。色调决定着色彩的本质类别，饱和度表示颜色深浅。目前普遍使用的色度坐标是 1931 年国际照明委员会制定的标准，称为 CIE 1931 色度坐标。如图 1.8 所示，颜色坐标 (x, y) 可组成马蹄形曲线，马蹄形区域可分为多种颜色区域，其中围成马蹄形区域的曲线上的点代表色度饱和的单色光，离开曲线仍然在某个颜色区域内的点为颜色不饱和点，具有一定的饱和度。在该色度坐标图中，通过调节1颜色材料和2颜色材料的混合比例可以得到两个颜色点（1点和2点）连接线之间各色度的颜色。颜色的这种规律对由不同颜色发光材料混合的电致发光器件形成白光或者其他光色有指导作用。

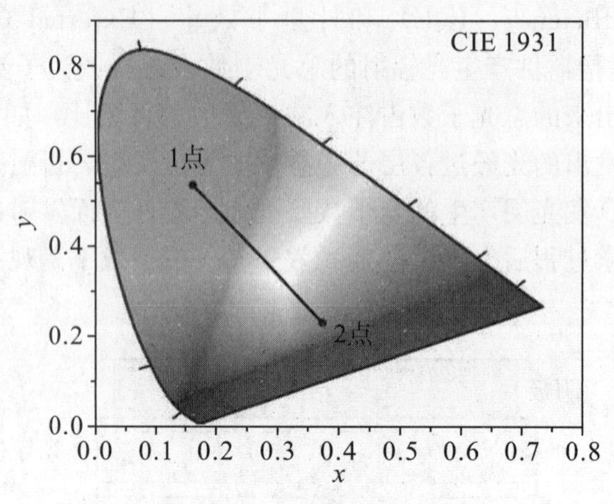

图 1.8　CIE 色度坐标系统

1.1.4.5　器件寿命

器件寿命是指在恒定电流或者恒定电压的驱动下，器件亮度衰减到初始亮度一半所需的时间。在实际研究中，为了加快测试速度，通常在高温或者高亮度下测试加速模式下的器件寿命。在恒定电流驱动下，器件亮度的衰减符合下式：

$$\frac{L_t}{L_0} = e^{-\left(\frac{t}{\tau}\right)^{\beta}} \tag{1-4}$$

式中：L_0为初始亮度，单位为 cd/m^2；L_t为经过 t 时间后的亮度，单位为 cd/m^2；τ 为与材料稳定性相关的常数；β 为与器件结构相关的常数。可通过上述公式，利用 L_0、L_t和 t 的实验数据拟合得到相关常数。当 $L_t/L_0 = 0.5$ 时，计算得到器件的半衰期（$t_{1/2}$）：

$$e^{\left[-\left(\frac{t_{1/2}}{\tau}\right)^{\beta}\right]} = 0.5 \tag{1-5}$$

一般情况下，器件初始亮度越大，器件寿命越短。

器件寿命的影响因素包括：①器件的密封性：水、氧等活性组分容易腐蚀电极和破坏有机材料的性能，因此，水、氧的入侵将导致器件的寿命急剧缩短。②有机活性层的稳定性和成膜性能：OLED 的有机活性层需要具备高的光稳定性和热稳定性。在 OLED 中，活性薄膜的厚度一般小于 100 nm，因此，微小的厚度不均匀或者微晶物等容易引起电击穿，成膜过程中应防止膜材料结晶化。③器件的结构设计：金属与有机材料和有机材料与有机材料的界面注入势垒太高将导致器件寿命缩短。同时，当正、负载流子传输不平衡时，较多的载流子可能会对发光具有猝灭作用。例如，在以三（8-羟基喹啉）铝（Alq_3）作为电子传输层的器件结构中，由于空穴和电子的传输不平衡（空穴较快）而形成阳离子（Alq_3^+），对发光具有猝灭作用。一般而言，掺杂发光器件比具有相似结构未掺杂发光器件的寿命长。④OLED 属于电流型器件，在工作时，电荷的多少将影响器件的寿命。在一定范围内，驱动电流与器件寿命成反比。因此，在一定初始亮度下，提高电流效率将降低驱动电压和驱动电流，可以延长器件寿命。此外，周期性反向加压也可以延长器件寿命。

1.1.5 有机电致发光二极管的制作工艺

1.1.5.1 有机电致发光二极管阳极处理工艺

器件阳极的真空能级（阳极功函数）与空穴传输层的最高占据能级（HOMO）相匹配或者相近。空穴注入的阳极材料一般满足以下条件：高电导率、良好的化学稳定性和形态稳定性、高功函数（一般为 4.5～5.0 eV）等。当阳极作为光输出端时，阳极材料需要在整个可见光范围内有较好的透光性，从而有利于器件产生的光发射出来。

器件阳极通常选用 ITO 导电玻璃（ITO 的功函数为 4.0～4.5 eV），根据实际需求在玻璃表面制作 ITO 图案。为了提高 ITO 的功函数，改善器件的空穴注入性能，通常对 ITO 电极进行物理或者化学处理，使之与有机材料的 HOMO 相匹配。常见的 ITO 界面修饰方法包括氧等离子体或者碳聚合物薄膜（CFx）等离子体表面处理、酸碱吸附剂自组装单分子层、表面化学掺杂空穴注入层、绝缘缓冲层等。

采用氧等离子体处理不仅可以有效清洁 ITO 表面，而且可以提高 ITO 的功函数，减小 ITO 与有机薄膜层之间的空穴注入势垒。此外，采用氧等离子体处理可以提高 ITO 表面的浸润性能，改善活性材料在 ITO 表面的成膜性能，进而提高 OLED 的光电特性。当 CF_3H 作为工作气对 ITO 表面进行处理时，CF_3H 产生的等离子体在 ITO 表面发生聚合反应形成 CFx。该薄膜具有高解离能、低电阻率的特性，可以有效提高 ITO 的功函数。

为了提高 OLED 的性能，可以在 ITO 和空穴传输层之间嵌入缓冲层。缓冲层按作用机理主要分为以下几种类型：①增强空穴注入能力的缓冲层：又称为空穴注入层，它的 HOMO 适中，可减小阳极与空穴传输层之间的能级梯度，通过较小的势垒梯度将空穴分步注入空穴传输层。此外，部分缓冲层（例如 CuPc、PEDOT:PSS 等）可以提高 ITO 表面的平整度，消除 ITO 表面缺陷，提高空穴注入效率，降低驱动电压，减少器件短路概率，延长器件寿命。②产生隧穿效应的绝缘缓冲层：在 ITO 表面修饰绝缘材料（例如聚四氟乙烯、类金刚石、氟化锂等），提高空穴注入效率，降低驱动电压，提高器件效率。缓冲层均存在最佳厚度，超过最佳厚度，驱动电压反而会上升。因此，缓冲层的厚度需要进行优化。③P 型掺杂型缓冲层：掺杂可使主体材料的电子转移至客体分子上，从而使主体材料中产生自由空穴，提高阳极与有机薄膜的欧姆接触特性。

1.1.5.2 有机电致发光二极管有机薄膜构筑工艺

有机电致发光二极管常用的有机薄膜构筑工艺有两种：第一种为旋涂（Spin-coating）制膜工艺。旋涂制膜的膜厚一般为 100～200 nm。采用此方法制膜时，选择的溶剂不能与基板、上下层材料产生物理或者化学作用。溶剂的浓度、溶解度、挥发性能和基板的表面特性等都会影响薄膜的质量。不易挥发、热稳定性差的有机活性材料（包括大分子和小分子等）多采用旋涂制膜工艺。第二种为真空蒸镀（Vacuum evaporation）工艺。真空蒸镀主要包括热蒸镀和溅射两种方法。真空蒸镀工艺可精确控制蒸镀速率和薄膜厚度（从几埃到几百埃）。目前，真空蒸镀工艺是非常重要的镀膜工艺。真空蒸镀工艺对真空蒸镀系统的真空度要求很高，在 10^{-4} Pa 以上。在镀膜过程中，通过控制电流、加热源的温度和功率调控材料的蒸镀速率。

1.1.5.3 有机电致发光二极管阴极蒸镀工艺

有机电致发光二极管通过阴极的费米能级向有机材料的 LUMO 注入电子，阴极的费米能级与有机材料的 LUMO 之差就是电子注入势垒。为了降低电子注入势垒，使阴极的费米能级与有机材料的 LUMO（一般为 −3.2～−2.1 eV）相匹配，阴极应采用功函数较小（费米能级较高）的金属材料（例如碱金属、碱土金属等），但此类金属较活泼、难操作，且制作成电极后稳定性差，所以在实际生产中一般采用活泼金属与惰性金属共蒸形成合金薄膜。这样做既可以提供较低的功函数，又可以降低电极材料的活性，增强电极的稳定性。例如，在镁银合金（体积比为 10∶1）中，金属镁的功函数为 3.7 eV，可以向电子传输层注入电子；金属银的功函数为 4.2 eV，不仅可以提高电极的稳定性，使其不易被氧化，而且可以提高金属电极与电子传输层的附着力，改善界面特性。常见金属材料的功函数见表 1.1。

表 1.1 常见金属材料的功函数

金属	功函数（eV）	金属	功函数（eV）
银	4.2	钙	2.8
铜	4.7	镁	3.7
金	5.2	镁∶银（10∶1）	3.7
铟	4.2	铝	4.2
镍	5.2	铝∶锂（1∶0.006）	3.2

铝的活性适中，是制作 OLED 较为理想的阴极材料。铝电极表面易氧化形成致密的氧化铝薄膜，可防止电极内层材料进一步被氧化。铝的功函数较大（4.2 eV），与有机电子传输材料之间存在较大的电子注入势垒。为了提高阴极的电子注入能力，常用氟化锂修饰铝电极。

在制作金属阴极时，真空腔室的真空度大于 3×10^{-4} Pa。下面以 LiF/Al 为例说明电极制作工艺：更换金属掩膜板，在有机层表面蒸镀一定厚度的氟化锂（一般厚度为 0.5～1 nm），再蒸镀一定厚度的金属铝。有机层与金属层之间的界面势垒较大，开始蒸镀时要尽量减小蒸镀速率以提高金属膜的均匀性，使金属更好地附着于有机层表面。

1.1.5.4 器件封装工艺

封装技术是一种将芯片等元件用绝缘塑料或者玻璃等包装成密闭整体的技术。器件中的有机材料和金属材料容易被氧化，需要将器件封装后再开展一系列的测试和应用。利用环氧树脂感光胶和紫外固化机对器件进行封装处理，封装仪的具体操作见“2.5 自动封装仪”。

思考题

（1）简述有机电致发光二极管的基本结构和工作原理。

（2）试分析有机电致发光和光致发光的异同。

（3）有机电致发光二极管的性能指标有哪些？请详细解释至少三个性能指标的意义和作用。

（4）有机电致发光二极管光电性能的影响因素有哪些？试说明如何提高器件的光电性能。

推荐参考资料

[1] 黄维，密保秀，高志强．有机电子学［M］．北京：科学出版社，2011.
[2] 陈金鑫，黄孝文．OLED梦幻显示器——材料与器件［M］．北京：人民邮电出版社，2011.
[3] 李祥高，王世荣，等．有机光电功能材料［M］．北京：化学工业出版社，2012.
[4] 王筱梅，叶常青．有机光电材料与器件［M］．北京：化学工业出版社，2013.

1.2　有机场效应晶体管

1.2.1　概述

场效应是半导体的导电能力随电场的变化而变化的一种现象。晶体管是一种三端子有源器件。场效应晶体管（Field Effect Transistor，FET）是通过电场控制电流的一种电子元件，是微电子技术的重要组成部分。有机场效应晶体管（Organic Field Effect Transistor，OFET）简称有机场效应管，是以有机半导体材料为有源层，依靠栅电压控制源极和漏极之间电流的电子开关器件。有机场效应晶体管具有薄膜形式的器件结构，又称为有机薄膜晶体管（Organic Thin-Film Transistor，OTFT）。

有机场效应晶体管由三个电极、绝缘层和有机半导体层组成，如图1.9所示。其中，有机半导体层作为有源层，与有源层直接接触的电极称为源极（Source，S）和漏极（Drain，D）。向导电沟道注入载流子的电极为源极，由导电沟道流出载流子的电极为漏极。有源层的另一侧为绝缘层。与绝缘层接触，隔着绝缘层正对源极和漏极间隙的电极为栅极（Gate，G）。

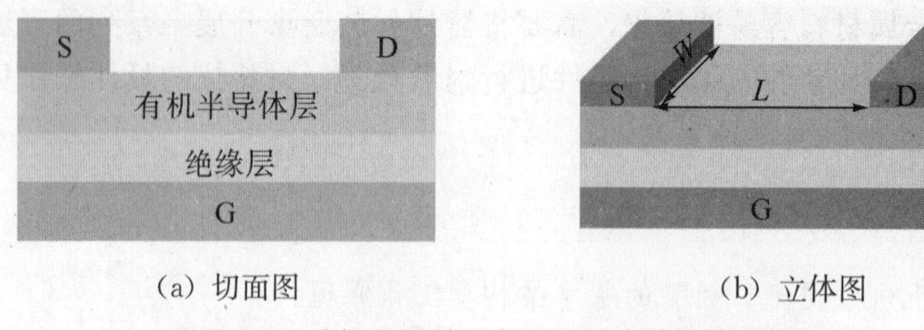

(a) 切面图　　(b) 立体图

图 1.9　底栅顶接触式有机场效应晶体管的结构

源极和漏极之间产生横向电流的通道称为导电沟道。如图 1.9（b）所示，L 为沟道长度，W 为沟道宽度。器件工作时，加载于源极和漏极之间的电压称为源漏电压（也称为漏电压，U_d），产生的电流称为源漏电流（也称为沟道电流、漏电流，I_d）。施加在栅极上的电压称为栅电压（U_g）。栅电压的作用是在有源层表面引入垂直电场，从而形成导电沟道和沟道电流。改变栅电压可控制沟道的产生与消失，以及沟道内载流子的密度。

1.2.2　有机场效应晶体管的结构

有机场效应晶体管的材料性质、薄膜堆叠顺序决定了器件结构。根据薄膜堆叠顺序可将有机场效应晶体管分为顶栅（Top Gate，TG）结构和底栅（Bottom Gate，BG）结构。根据源极、漏极与有源层的位置差异可将有机场效应晶体管分为顶接触（Top Contact，TC）结构和底接触（Bottom Contact，BC）结构。对应的器件结构如图 1.10 所示。

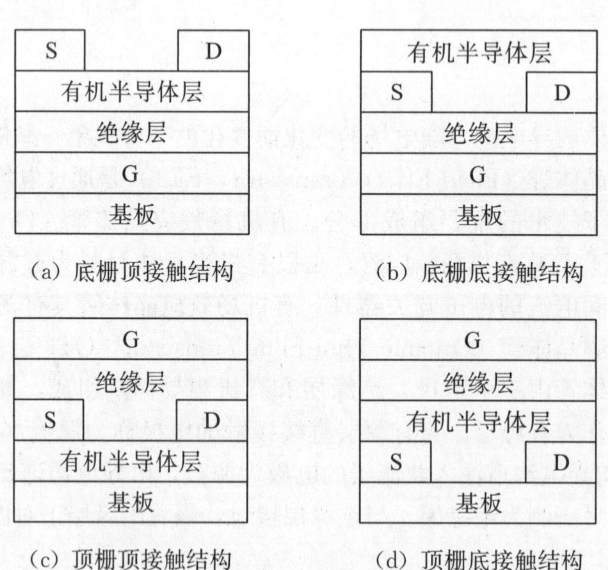

(a) 底栅顶接触结构　　(b) 底栅底接触结构

(c) 顶栅顶接触结构　　(d) 顶栅底接触结构

图 1.10　有机场效应晶体管的结构

根据材料的特性（例如耐高温性、稳定性、溶解性等）选择器件结构和制作工艺。由于绝缘层和栅极薄膜沉积温度较高，可能会破坏有机半导体层，因此，不耐高温的有机活性材料一般采用底栅结构。一般情况下，当有机半导体层为高分子聚合物时，有机场效应晶体管既可以采用底栅结构，又可以采用顶栅结构。当有机半导体层为有机小分子时，有机场效应晶体管通常采用底栅结构。

不同结构的有机场效应晶体管在制作工艺和器件性能方面各有优缺点：

（1）底栅底接触结构器件最后制作有机半导体层，在器件制作过程中不会破坏有机半导体层，如图1.10（b）所示。

（2）有机场效应晶体管的绝缘层为无机氧化物，当源极、漏极直接与绝缘层或者基板接触时，采用成熟的微刻蚀工艺制作源极和漏极，操作方便且有质量保障，如图1.10（b）和（d）所示。

（3）底接触结构器件的有机薄膜需要在绝缘层（或者基板）和源/漏极两种介质中进行沉积和生长，容易导致沟道内部、沟道与源极和漏极局部区域上的有机薄膜性质差异，此差异将影响整个晶体管的输出特性和迁移特性等。底接触结构的有机场效应晶体管的平行稳定性相对较差，如图1.10（b）和（d）所示。

（4）顶栅顶接触结构器件的有机半导体层直接沉积或者生长在基板表面，有利于有机薄膜内部晶体生长，有机半导体层内部晶体结构和绝缘层的界面较为均匀，从而避免有机薄膜性质对晶体管性能产生不良影响，如图1.10（c）所示。

（5）顶接触结构器件的接触电阻小于底接触结构器件。顶接触结构器件表现出较高的载流子迁移率。然而，顶接触结构器件需要利用掩膜技术在有机半导体层表面蒸镀源/漏极，这会降低器件的分辨率。总体而言，顶接触结构的有机场效应晶体管的性能优于底接触结构的有机场效应晶体管。

1.2.3 有机场效应晶体管的工作原理

半导体的场效应是指半导体中局部区域的电学特性随着外加电场的引入和变化而发生明显改变的现象。有机场效应晶体管是通过改变栅电压调控源极和漏极之间电流输出的有源器件。为了理解场效应晶体管在不同偏压下的工作模式，可以将有机场效应晶体管看作由栅极、基板半导体（由有机半导体层、源极、漏极组成）、绝缘层组成的平板电容器，其基本结构如图1.11所示。在外加栅电压时，会在绝缘层附近的有机半导体层感应出电荷。在一定的源漏电压下，感应电荷参与导电，使得半导体的电阻率相对于无栅电压时发生量级的变化。通过调节栅电压可以调节电容器两个电极板间的电场强度。随着电场强度的变化，有机半导体层中的感应电荷发生改变。源极和漏极之间的导电沟道宽度发生改变，源漏电流随之改变。总之，通过调节有机场效应晶体管的栅电压可以改变有机半导体层靠近绝缘层界面的电荷载流子数目，在有机半导体层和绝缘层界面上形成电荷积累层，从而形成导电沟道，在一定的源漏电压下形成源漏电流。

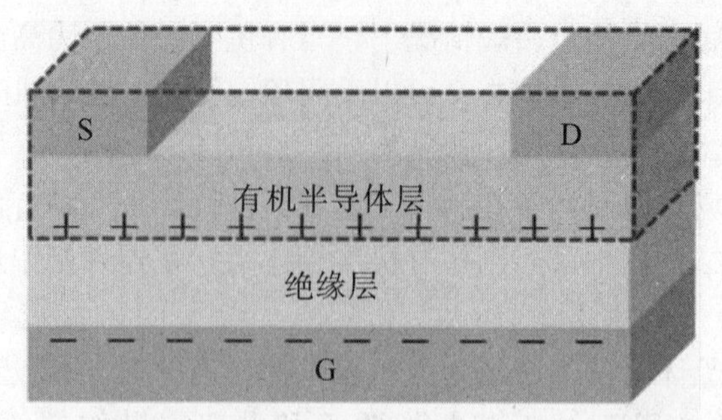

图 1.11　P 型有机材料作为有源层的类平板电容器结构示意图

根据器件中主要载流子的极性，有机场效应晶体管的导电沟道可以分为导通空穴的 P 型沟道和导通电子的 N 型沟道。当有机半导体层具有双极性时，导电沟道既可以导通空穴，又可以导通电子。当栅电压和源漏电压为零时，器件处于“关”状态。在栅极加载电压后，将在沟道内诱导出现电子或者空穴，在源极和漏极间电压的驱动下，器件处于“开”状态。

在 N 型有机场效应晶体管中，当栅极加载足够大的正向电压时，将在沟道内诱导出现电子，漏极处加载的正向电压可使沟道内的电子向漏极移动，形成源漏电流，如图 1.12（a）所示。同理，在 P 型有机场效应晶体管中，当栅极加载足够大的负向电压时，将在沟道内诱导出现空穴，漏极处加载的负向电压可使沟道内的空穴向漏极移动，形成源漏电流，如图 1.12（b）所示。

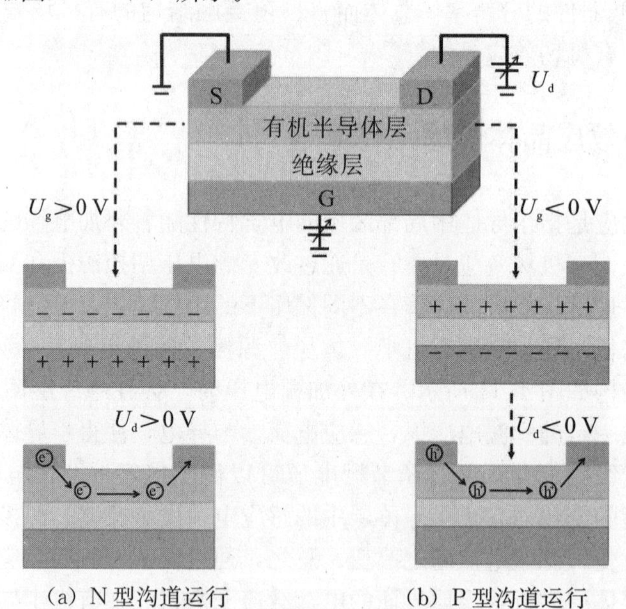

图 1.12　N 型和 P 型有机场效应晶体管的工作原理示意图

在有机场效应晶体管中，加载栅电压后会在垂直于导电沟道方向上产生电场，导致半导体能级弯曲，电荷聚集或者耗尽。图 1.13 展示了 P 型有机场效应晶体管在加载不同栅电压时金属、绝缘层和半导体界面的能级变化情况。如图 1.13（a）所示，当栅电压为零时，无电场分布，电极和活性层之间无电荷的传输，金属和半导体的真空能级是相同的，为平直能带。当栅极加载负电压时，器件内产生与沟道垂直并指向栅极的电场，在绝缘层两侧产生极性相反、数目相等的电荷，形成偶电层。在有机半导体内靠近绝缘层界面处产生空穴，距离界面 5 nm 处发生空穴聚集，导致有机半导体的 HOMO 和 LUMO 在绝缘层附近向上弯曲，减小了有机半导体的 HOMO 与电极的费米能级之间的能量差，如图 1.13（b）所示。在聚集模式下，半导体沟道内存在可移动的电荷，在源极和漏极间电压的驱动下产生定向移动，形成源漏电流，其大小与源极和漏极间的电压有关。聚集模式下导电沟道内载流子的情况如图 1.14（a）所示。当栅极加载正电压时，器件内产生由栅极指向有机半导体的电场，绝缘层内形成偶电层，有机半导体内靠近绝缘层的界面处产生负电荷，同时界面处有机半导体的 HOMO 和 LUMO 向下弯曲，减小了有机半导体的 LUMO 与电极的费米能级之间的能量差，如图 1.13（c）所示。诱导产生的负电荷将耗尽 P 型有机半导体内的空穴。在耗尽模式下，半导体沟道内无可移动的电荷，加载源漏电压几乎无法产生源漏电流。耗尽模式下导电沟道内载流子的情况如图 1.14（b）所示。

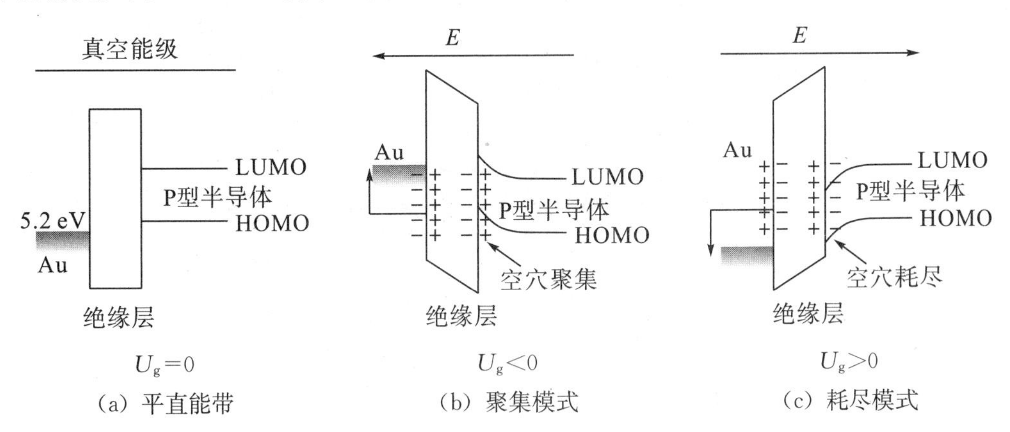

（a）平直能带　（b）聚集模式　（c）耗尽模式

图 1.13　P 型有机场效应晶体管的能级随栅电压的变化情况

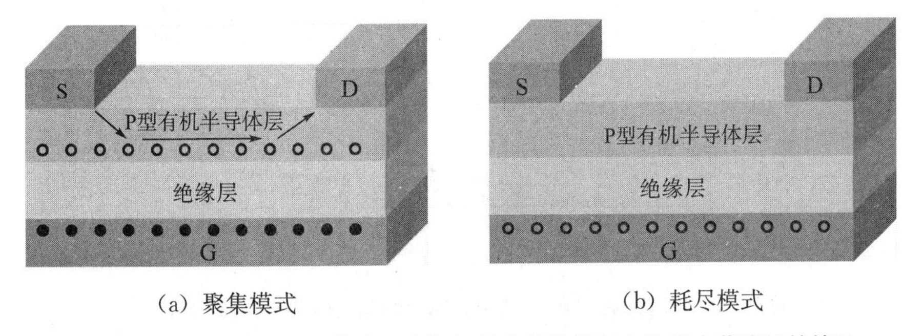

（a）聚集模式　（b）耗尽模式

图 1.14　聚集模式和耗尽模式下有机场效应晶体管导电沟道内载流子的情况

由上述讨论可知，有机场效应晶体管在工作时加载栅电压将产生垂直的电场，导致真空能级发生移动，界面处有机半导体的能级也向上或者向下移动，导致能带弯曲。有机场效应晶体管工作时，真空能级移动的大小取决于界面偶极矩的大小，而界面偶极矩的大小主要取决于器件绝缘层的介电特性和加载栅电压的大小。就有机场效应晶体管而言，有机半导体材料本身不存在自由载流子，载流子依靠界面注入而产生，因此，大多数有机场效应晶体管在聚集模式下工作。

1.2.4 有机场效应晶体管的性能指标

1.2.4.1 输出特性曲线和转移特性曲线

有机场效应晶体管的输出特性和转移特性可评价器件的静态特性。输出特性曲线表现源漏电流（I_d）随源漏电压（U_d）变化的输出特性；转移特性曲线表现源漏电流（I_d）随栅电压（U_g）变化的转移特性。前者以源漏电压为变量（图 1.15），后者以栅电压为变量（图 1.16）。

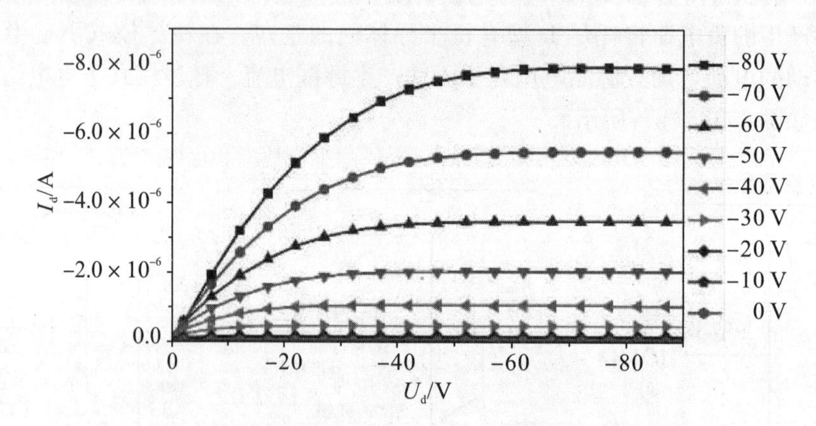

图 1.15 一定栅电压下 P 型有机场效应晶体管的输出特性曲线

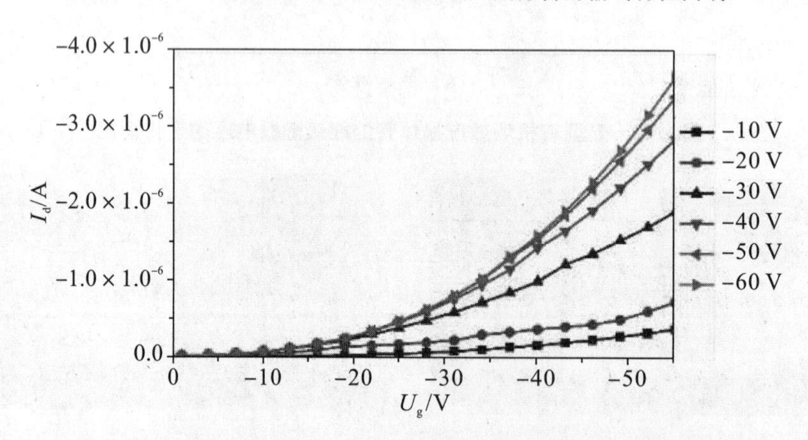

图 1.16 一定源漏电压下 P 型有机场效应晶体管的转移特性曲线

对器件的输出特性曲线（I_d-U_d曲线）和转移特性曲线（I_d-U_g曲线）进行推导可得到器件的多项参数，其中主要包括阈值电压、亚阈值漂移、电流开/关比、迁移率和夹断电压等。

1.2.4.2 线性区和饱和区

有机场效应晶体管的输出特性曲线可以划分为线性区和饱和区，如图 1.17 所示。

在线性区，源漏电压很小，栅电压远大于源漏电压，此时源漏电流与源漏电压成正比，输出特性曲线呈直线型；在饱和区，源漏电压超过栅电压，源漏电流不随源漏电压的增大而增大，而是趋于饱和。饱和区对应的源漏电流为一定栅电压下场效应晶体管的输出电流。夹断电压（U_p）是器件源漏电流由线性区向饱和区转变的电压，也是饱和电流对应的最小的饱和电压。

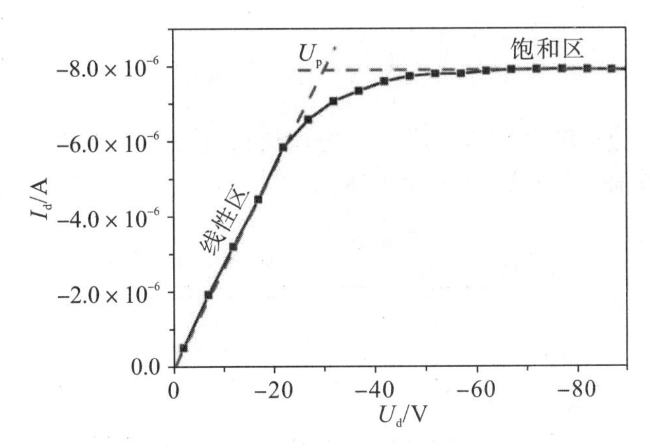

图 1.17　有机场效应晶体管输出特性曲线的线性区和饱和区划分

有机场效应晶体管的输出特性曲线与导电沟道内载流子随栅电压、源漏电压的变化密切相关。有机场效应晶体管导电沟道内载流子的分布情况如图 1.18 所示。U_T是阈值电压，将在后面介绍。

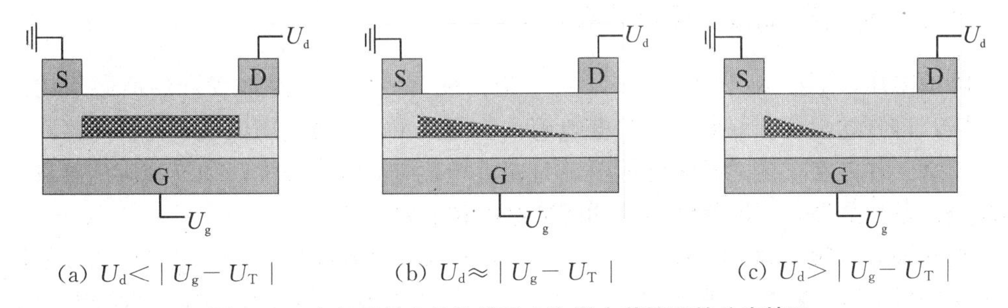

图 1.18　有机场效应晶体管导电沟道内载流子的分布情况

在较低的源漏电压下（$U_d<|U_g-U_T|$），栅极感应出的载流子分布于整个导电沟道内，源漏电流遵循欧姆定律。此时的源漏电流既与栅电压成正比，又与源漏电压成正比，器件的输出特性曲线在线性区内。有机场效应晶体管的线性区越大，说明器件的工作电压范围越大；反之，器件的工作电压范围越小。线性区内源漏电流按下式计算：

$$I_d=\frac{W}{L}\mu C_i(U_g-U_T)U_d \tag{1-6}$$

式中：I_d为源漏电流；W 为沟道宽度；L 为沟道长度；μ 为迁移率；C_i为绝缘层单位面积的电容；U_g为栅电压；U_T为阈值电压；U_d为源漏电压。

当$U_d\approx|U_g-U_T|$时，由于栅电压和源漏电压在此处的电场相互抵消，漏极电压降为零，漏极附近的载流子数目为零，器件处于夹断状态。电场的不均匀分布导致沟道

内载流子的不均匀分布，呈现出由源极到漏极逐渐减少的状态，源漏电流不再与源漏电压呈线性关系。进一步增大源漏电压，夹断区域逐渐向源极扩大。只要导电沟道长度远大于夹断区域长度，源漏电流不再随源漏电压的增大而增大，而是基本保持不变，源漏电流就进入饱和区。出现夹断区域的源漏电压为夹断电压。不同栅电压下夹断电压的位置如图 1.19 中的虚线所示。在饱和区，源漏电流随栅电压呈二次方增加，其数学表达式为

$$I_{\mathrm{d}} = \frac{W}{2L}\mu C_i \ (U_{\mathrm{g}} - U_{\mathrm{T}})^2 \tag{1-7}$$

式中：I_{d}为源漏电流；W 为沟道宽度；L 为沟道长度；μ 为迁移率；C_i为绝缘层单位面积的电容；U_{g}为栅电压；U_{T}为阈值电压。

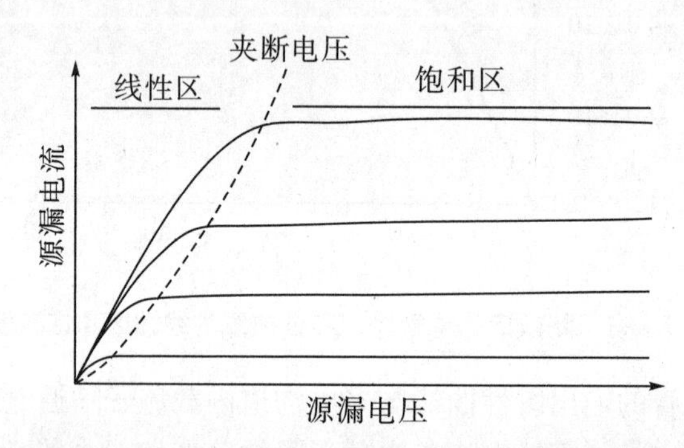

图 1.19　有机场效应晶体管输出特性曲线的分区情况

1.2.4.3　阈值电压和亚阈值漂移

阈值电压（Threshold Voltage，U_{T}）是指使有机场效应晶体管开启所必需的最低栅电压，即开始出现源漏电流时的栅电压，单位为 V。阈值电压低说明器件可以在低电压下正常工作。在一定的源漏电压下，对有机场效应晶体管线性区和饱和区的转移特性曲线进行数据处理，可以得到器件的阈值电压和亚阈值漂移。

当源漏电压较低时（$U_{\mathrm{d}} < |U_{\mathrm{g}} - U_{\mathrm{T}}|$），转移特性曲线中$U_{\mathrm{g}} > U_{\mathrm{d}} + U_{\mathrm{T}}$的部分反映的是器件线性区的特性。图 1.20 是当 $U_{\mathrm{d}} = -5$ V 时的转移特性曲线。当栅电压很小时，器件的源漏电流很小，基本可以忽略；随着栅电压的增大，器件的源漏电流突然增大。使源漏电流突然增大的电压为阈值电压。

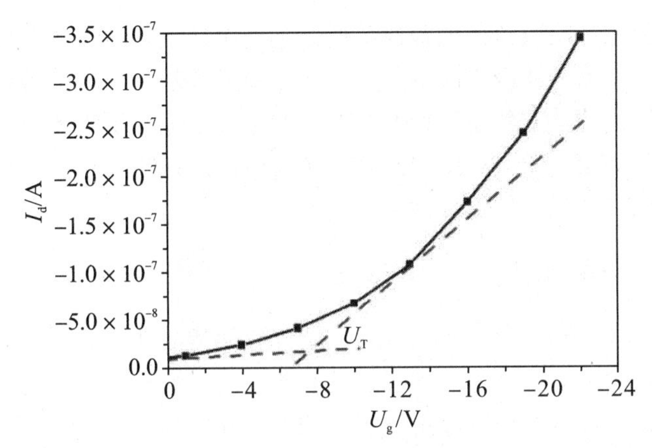

图 1.20　有机场效应晶体管转移特性曲线的线性区内阈值电压的获得方式

在饱和区对转移特性曲线进行处理，可以得到器件的阈值电压。如图 1.21 所示，将转移特性曲线的直线部分外延到 U_g坐标轴，外延线与 U_g坐标轴交点处的电压为阈值电压。此电压可理解为源漏电流突然增大时器件从“关”状态到“开”状态的转变电压。通过不同方式获得的阈值电压有所差别，即使通过同一种方式，采用的拟合线或者切线的位置不同，结果也不尽相同。

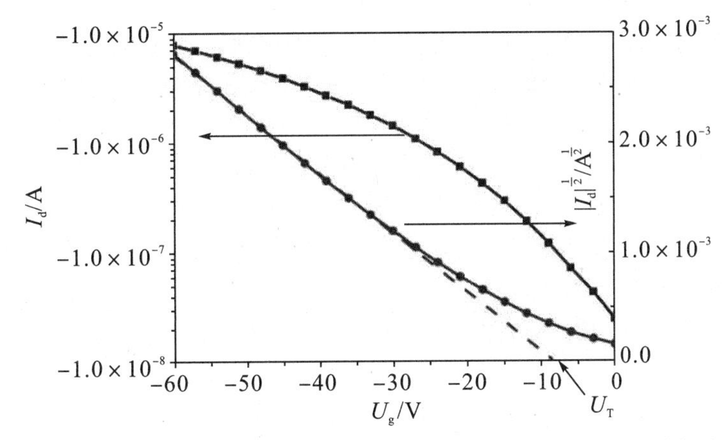

图 1.21　有机场效应晶体管转移特性曲线的饱和区内阈值电压的获得方式

亚阈值漂移（Subthreshold Swing，S）是指在一定的源漏电压下，源漏电流增加一个数量级所需要的栅电压增量（ΔU_g）。亚阈值漂移是反映器件由“关”状态转变为“开”状态快慢的量度，单位为 V/decade 或者 mV/decade。它通常为转移特性曲线在小于阈值电压范围内斜率最大的点。通过转移特性曲线，在小于阈值电压的范围内（$U_g<U_T$）可以得到器件的亚阈值漂移，其数学表达式为

$$S=\frac{\mathrm{d}U_g}{\mathrm{d}\log I_d} \tag{1-8}$$

式中：U_g为栅电压，其取值必须小于阈值电压；I_d为源漏电流；S 可通过器件线性区内的 $\log I_d$-U_g曲线获得。在半对数 $\log I_d$-U_g曲线上找出与阈值电压对应的点，将该点由低栅电压开始做逼近 $\log I_d$-U_g曲线的直线，所得直线斜率的倒数为亚阈值漂移。通

常情况下，亚阈值漂移反映器件栅极电荷的泄漏情况，且与材料的双极性、第二个电荷聚集区域、较高浓度的浅能级陷阱等相关。亚阈值漂移越小，转移特性曲线越陡，表明有机场效应晶体管由“关”状态切换至“开”状态越迅速，所需的电压变化越小，器件性能越好。将 S 乘以器件介电层的电容率（C_{ox}）就得到归一化的亚阈值漂移（S_n）①，该值用于比较不同介电材料的器件性能。

1.2.4.4 电流开/关比

电流开/关比（On/Off Current Ratio，$I_{on/off}$）是指器件在“开”和“关”的状态下有机场效应晶体管输出电流（源极和漏极之间的电流，饱和电流）的比值。结合器件的输出特性曲线和转移特性曲线可以得到器件的电流开/关比，一般以 10^x 的形式表示。

“关”状态电流是指给定栅电压下器件的输出特性曲线中阈值电压对应的电流。“开”状态电流是指给定栅电压下器件的输出特性曲线中对应的饱和电流。在一定范围内，“开”状态电流随栅电压的增大而增大，因此栅电压的变化范围对电流开/关比有一定的影响。当栅电压达到一定范围时，进一步增大栅电压，“开”状态电流的增加幅度将大大减小，电流开/关比也将大大减小。电流开/关比的计算公式可以表述为

$$I_{on/off} = \frac{I_d(U_g = x)}{I_d(U_g = U_T)} \tag{1-9}$$

此外，器件的“关”和“开”状态也可以理解为：栅电压为 0 V 时，为器件的“关”状态；栅电压为某一值时，为器件的“开”状态。电流开/关比的计算公式也可以表述为

$$I_{on/off} = \frac{I_d(U_g = x)}{I_d(U_g = 0)} \tag{1-10}$$

电流开/关比高意味着有机场效应晶体管具有分辨率高、稳定性好、抗干扰能力强、效率高和负载驱动能力大等特点。在“关”状态下，源极和漏极之间的电流（I_{off}）越小，表明器件的暗电流越小。电流开/关比低意味着有机场效应晶体管的稳定性差、抗干扰能力弱和负载驱动能力小，同时也表明器件处于“关”状态时导电沟道内仍然有一定的电流，器件难以关闭，甚至失去场效应晶体管的意义。

高的电流开/关比需要高的“开”状态电流和低的“关”状态电流，而电流开/关比的大小与半导体的迁移率和掺杂状态有关。一般而言，高迁移率可以保证较快的器件开关响应速度和高的电流开/关比。电流开/关比对栅电压有很强的依赖性，需要在相同的栅电压下比较不同器件的电流开/关比。

1.2.4.5 迁移率

迁移率（Mobility，μ）是指单位电场下载流子的漂移速率，是用于评价有机半导体特性的重要参数，单位为 $cm^2/(V \cdot s)$。迁移率反映了不同电场下有机半导体材料的载流子传输能力。有机半导体的迁移率不仅与活性材料的结构、性能有关，还与有源层

① $S_n = C_{ox} \times S$，单位为 $V \cdot nF/(cm^2 \cdot decade)$。

的薄膜结构、器件结构、制作工艺等有关。图 1.22 是有机场效应晶体管的结构和等效电路图，X 和 Y 方向分别代表源漏电流的方向和垂直方向，L 和 W 分别为导电沟道的长度和宽度。

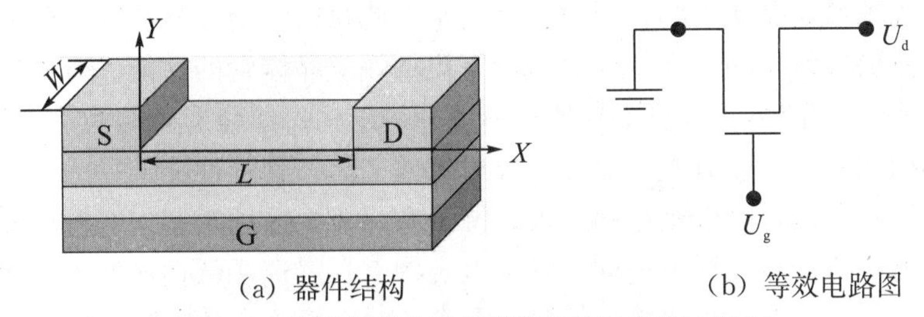

(a) 器件结构　　(b) 等效电路图

图 1.22　有机场效应晶体管的结构和等效电路图

利用有机场效应晶体管的转移特性曲线可以获得器件的迁移率。在线性区，沟道电导率 σ（$\sigma = en\mu$，其中 e 为单位电荷电量）随载流子密度（n）呈线性变化。通过对线性区转移特性曲线进行拟合得到曲线斜率 $k(k = \partial I_d / \partial U_g)$，代入公式（1−6），将公式进一步推导，可以得到有机场效应晶体管线性区的迁移率，其计算公式如下：

$$\mu = \frac{L}{WC_iU_d} \cdot \frac{\partial I_d}{\partial U_g} = \frac{L}{WC_iU_d} \cdot k \tag{1-11}$$

当器件在饱和区工作时，根据公式（1−7）进行推导得到下面的公式：

$$\mu = \frac{2L}{WC_i} \cdot \frac{I_d}{(U_g - U_T)^2} = \frac{2L}{WC_i} \cdot \left(\frac{\sqrt{I_d}}{U_g - U_T}\right)^2 \tag{1-12}$$

对饱和区的转移特性曲线进行线性拟合，得到直线的斜率为 k，代入下式：

$$\mu = \frac{2L}{WC_i} \cdot \left(\frac{\partial \sqrt{I_d}}{\partial U_g}\right)^2 \tag{1-13}$$

可以得到有机场效应晶体管饱和区的迁移率：

$$\mu = \frac{2L}{WC_i} \cdot k^2 \tag{1-14}$$

典型的 P 型有机场效应晶体管的转移特性曲线和拟合直线的斜率如图 1.23 所示。

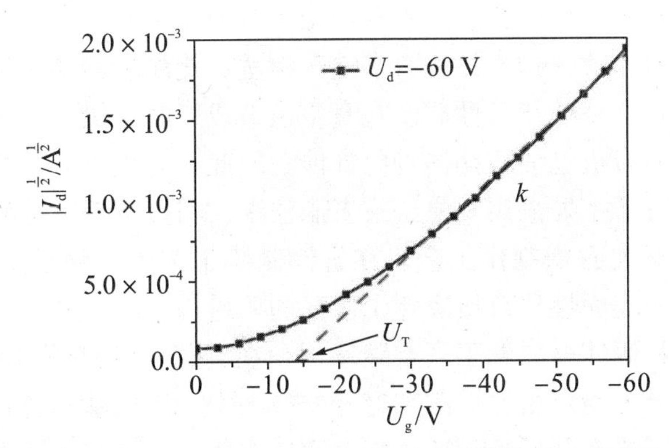

图 1.23　典型的 P 型有机场效应晶体管的转移特性曲线和拟合直线的斜率

1.2.5 有机场效应晶体管的制作工艺

制作有机场效应晶体管的材料包括有机半导体材料、绝缘材料和电极材料等。材料的性质和各薄层材料间的界面特性会影响有机场效应晶体管的性能。有机半导体材料主要分为P型和N型两类。有机半导体材料的分子结构、薄膜形貌结构、表面结晶质量、分子取向排列和分子堆积方式等决定了有机场效应晶体管的性能。

有机场效应晶体管的电极包括栅极、源极和漏极。适用于制作有机场效应晶体管的电极材料主要包括金属、导电玻璃和导电聚合物。一般选择低功函数的金属，例如Al、Ag、Cu、Ca等。ITO导电玻璃和单晶硅常作为有机场效应晶体管的栅极。常采用热蒸镀或者等离子溅射等工艺，在有机半导体层表面形成金属层，作为有机场效应晶体管的源极和漏极。柔性导电聚合物作为有机场效应晶体管的电极材料，使得有机场效应晶体管有望实现全有机化的微型柔性器件。此外，柔性导电聚合物可以采用印刷的方式制作大面积的电极，降低器件的制作成本。常见的柔性导电聚合物有聚乙炔（PA）、聚对苯乙炔（PPV）、聚噻吩（PTh）、聚对亚苯（PPP）、聚吡咯（PPy）、聚苯胺（PAn）等。

有机场效应晶体管的绝缘层材料是介电材料。介电材料可分为三类：无机介电材料、有机介电材料和无机-有机杂化的介电材料。介电材料具有较大的介电常数，在电场中具有一定的极化能力。在电场中，介电材料的介电常数越大越易被极化，有机场效应晶体管的性能就越好。当单晶硅作为基板材料时，可直接通过氧化生成二氧化硅（$\varepsilon = 3.9\ \mathrm{L \cdot mol^{-1} \cdot cm^{-1}}$）薄膜作为绝缘层，简化制作工艺。常用的无机介电材料有二氧化钛（$\varepsilon = 41\ \mathrm{L \cdot mol^{-1} \cdot cm^{-1}}$）和氧化铝（$\varepsilon = 9.0\ \mathrm{L \cdot mol^{-1} \cdot cm^{-1}}$）。有机介电材料通常选用聚苯乙烯（PS）、聚甲基丙烯酸甲酯（PMMA）和聚乙烯醇（PVA）。

1.2.5.1 一般方法

有机场效应晶体管制作工艺简单，这也是近年来有机场效应晶体管得到快速发展的原因之一。通常选择单晶硅作为基板材料，通过氧化法制作绝缘层，在绝缘层表面蒸镀或者旋涂有机活性材料，采用掩膜技术蒸镀金属薄膜（例如金箔等）作为源极和漏极。

常见的有机半导体薄膜构筑方法有真空蒸镀法、旋涂法和滴注法。一般而言，有机小分子具有结构稳定、易纯化等性质。在真空蒸镀成膜时有机小分子容易形成高度有序的薄膜，有利于提高有机场效应晶体管的性能。因此，有机小分子的成膜方式以真空蒸镀法为主。有机高分子主要采用旋涂法或者滴注法。与真空蒸镀法相比，旋涂法和滴注法成本较低，适合于大面积制作工艺。在旋涂制膜工艺中，物质溶解度、溶剂挥发速度、溶液浓度和基板表面性质直接决定了薄膜的质量。

真空蒸镀法是将固体材料置于真空腔室内，在高真空条件下将固体材料加热蒸发，蒸发出来的原子或分子能自由地扩散到容器的空间中。当把基板材料放置于真空腔室内时，蒸发出来的原子或者分子吸附于基板表面形成薄膜。真空蒸镀可以精确地控制薄膜生长的速度和厚度，制作出高度有序的有机薄膜。常规的真空蒸镀装置如图1.24所示。

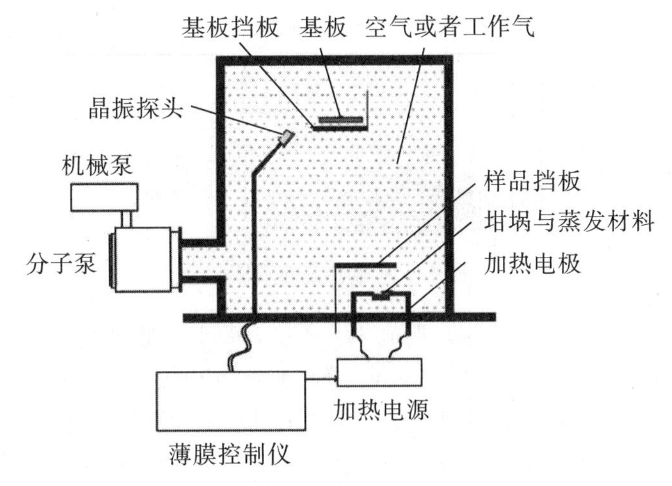

图 1.24　真空蒸镀装置示意图

大部分的有机材料薄膜和电极材料薄膜是通过真空蒸镀法制作的。在高真空条件下($<10^{-4}$ Pa)加热有机材料或者金属材料，使之达到饱和蒸气压升华成气态，在基板表面沉积成膜。影响器件性能的因素包括基板温度和蒸镀速率。在一定的温度范围内，随着基板温度的升高，器件性能将会提高；但是超过一定的范围，器件性能反而会下降。

旋涂法是在基板启动时快速滴入成膜溶液，基板高速旋转时，该溶液在基板表面分散开，溶剂挥发后在基板表面形成固态薄膜。旋涂制膜的基本过程如图 1.25 所示。薄膜的形态和厚度与分子构型、基板的浸润性、物质的溶解度、溶液的浓度、旋转的速度和溶剂的挥发速度等有关。旋涂法适用于高分子薄膜和溶胶凝胶薄膜的制作，不适用于低聚物和小分子等黏度不足的材料的制作。

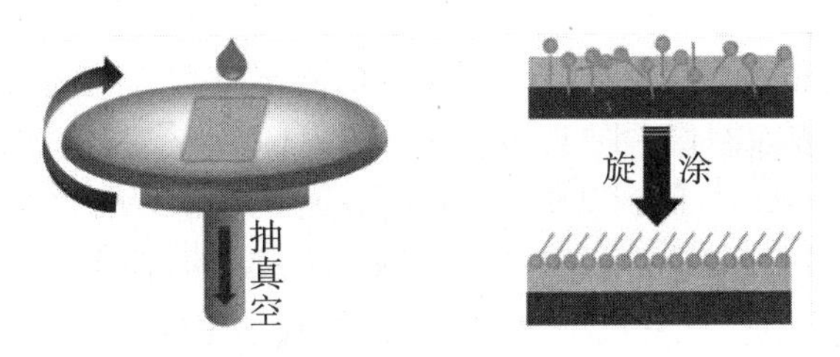

图 1.25　旋涂法示意图

滴注法是将一定体积的液体滴注在基板表面，使其在空气或者溶剂气氛中自然挥发成膜的工艺过程（图 1.26）。滴注法主要利用分子自组装的原理，在溶剂挥发过程中自组装成膜。在滴注过程中，溶剂、溶液的浓度、气氛、基板等将会影响薄膜的质量。滴注法不易得到高质量的薄膜，只有通过不断尝试和优化滴注成膜条件才能筛选出最佳的滴注成膜条件。一般而言，滴注法成膜所选溶剂的沸点较高，溶剂挥发速度较慢，提供了材料自组装结晶的时间。采用滴注法成膜的材料分子在溶剂中有一定的溶解度和自组装能力，从而得到合适浓度的溶液，以制作有机半导体薄膜。

图 1.26　滴注法示意图

此外，在液体表面（称为亚相）形成单分子层，将此层膜转移到固体基板表面得到单分子厚度的薄膜，称为 LB 膜（Langmuir-Blodgett Films）。重复此过程，可组装多层膜。采用 LB 膜法制作薄膜的材料分子必须含有亲水基团和疏水基团（两亲性）。LB 膜法所选溶剂具有以下特征：①化学惰性：不与成膜材料和亚相反应；②对成膜材料具有溶解度：此溶剂必须很好地溶解成膜材料，并浮于亚相表面；③沸点适当：挥发速度适中，挥发太快将导致成膜材料不能完全铺展在亚相表面，挥发太慢将导致成膜时间过长。一般情况下，采用超纯水作为亚相，石英、玻璃、硅片、云母、铂（金属片）、金（金属片）等作为基板材料。

1.2.5.2　其他薄膜构筑方法

（1）丝网印刷（Silk-Screen Printing）。

丝网印刷的基本过程：通过照片制版的方法，利用感光材料制作丝网印版。印刷时，给印刷材料施加一定的压力，使其通过该印版的孔眼转移至基板表面，形成与印版一样的图文。根据基板材料的不同，丝网印刷可以分为织物印刷、塑料印刷、金属印刷、玻璃印刷等。

图 1.27 是柔性有机场效应晶体管丝网印刷的基本过程：①选取聚合物薄膜作为基板（A），并在该基板表面制作一层 ITO 作为栅极（G）；②通过丝网掩膜板将另一种聚合物材料作为介电层（B）打印到基板（A）的表面；③配置有机半导体溶液，通过丝网打印的方法将该溶液打印到介电层（B）表面，形成有机活性层（C）；④更换丝网掩膜板，打印源极和漏极，柔性有机场效应晶体管即制作完成。

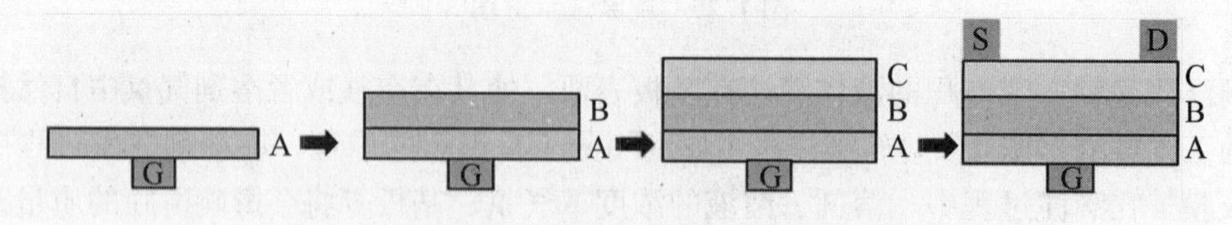

图 1.27　柔性有机场效应晶体管丝网印刷的基本过程

（2）喷墨打印（Ink-Jet Printing）。

喷墨打印是将固化油墨与数码喷印相结合的一种新兴打印技术。喷墨打印工作效率和印刷质量高，可在多种材料表面进行印刷，例如柔性基板材料、图形化的 ITO 玻璃、单晶硅等。此方法具有制作速度快、精密度高、成本低等优点。液体喷墨打印技术可分为两类：①气泡式：通过加热喷嘴使液体产生气泡，喷涂到打印介质表面形成活性层；

②液体压电式：利用压电原理使带静电荷的导电溶液从热感应喷嘴喷出，直接沉积到基板表面形成活性层。采用加热系统对活性层退火，沉积成膜，从而得到有机器件中的有机活性薄膜。退火过程可能影响喷墨打印得到的活性层的晶型、取向等，进而影响有机场效应晶体管的性能。

（3）区域滴注（Zone Casting）。

在可移动的基板表面利用溶液滴注沉积薄膜的方法称为区域滴注。在区域滴注过程中，溶液的供应速度、基板的移动速度、初始溶液的浓度、溶剂的挥发速度和结晶速度等都会影响薄膜的质量。通过区域滴注可以得到高质量的有机薄膜。此方法具有成本低、过程可控等优点。

总体而言，根据材料的性质选择薄膜制备技术，以得到性能最佳的器件。各种不同的方法都是为了使材料最大限度地发挥其性能。稳定性高、溶解性较差且黏度低的小分子多采用真空蒸镀法。难挥发、溶解性较好的聚合物多采用旋涂法，也可以采用喷墨打印技术直接将成膜溶液打印到柔性基板表面。在众多的成膜方法中，真空镀膜法和旋涂法最为常用，其他方法是基于有机半导体器件由实验研究走向实际应用领域逐渐发展起来的。

思考题

（1）解释下列名词：有机场效应晶体管、栅极、源极、漏极、P型沟道、N型沟道。

（2）查阅资料，分析无机场效应晶体管和有机场效应晶体管在结构上的异同。

（3）简述有机场效应晶体管的基本结构，并以P型有机场效应晶体管为例说明有机场效应晶体管的工作原理。

（4）讨论有机场效应晶体管迁移率的影响因素。在活性材料一定的条件下举例说明如何提高器件的迁移率。

（5）有机半导体薄膜的构筑方法有哪些？为何常利用单晶硅作为有机场效应晶体管的基板兼栅极材料？其优点有哪些？

推荐参考资料

[1] 黄维，密保秀，高志强．有机电子学 [M]．北京：科学出版社，2011.
[2] 胡文平．有机场效应晶体管 [M]．北京：科学出版社，2011.
[3] 李祥高，王世荣，等．有机光电功能材料 [M]．北京：化学工业出版社，2012.
[4] 王筱梅，叶常青．有机光电材料与器件 [M]．北京：化学工业出版社，2013.

第 2 章　上机培训

本章将对相关仪器的工作原理、使用和维护方法进行简单的介绍，便于对学生开展仪器使用技能培训。本章介绍的仪器包括手套箱、等离子体清洗机、旋涂仪、高真空镀膜机、自动封装仪、发光二极管测试仪、半导体测试仪、台阶仪等。通过本章的学习，学生可以更全面地了解相关仪器的基本工作原理，掌握其操作方法和注意事项等。

2.1　手套箱

2.1.1　手套箱简介

手套箱为实验提供所需的环境，在超净室内手套箱的主要作用是提供无水无氧的操作环境。一般而言，手套箱内的水、氧含量都应控制在 1 ppm[①] 以内。为了达到此标准，以高纯氮气或者氩气（含量高于 99.999%）为手套箱的工作气，净化系统循环纯化箱体内的气体，精准监控手套箱内的水、氧含量。此外，需要在不破坏箱体气氛的情况下，通过过渡舱使物品进出手套箱。当手套箱内的水、氧含量持续超限，无法除去时，说明净化系统内活性材料的水、氧吸附量达到饱和状态，此时需要对净化柱的吸附材料进行再生处理。手套箱由箱体、过渡舱、净化系统、真空泵、工作气、再生气等组成，其基本结构如图 2.1 所示。

净化系统是手套箱的“肝脏”，纯化手套箱内的工作气以除去箱体内的水、氧、部分有机溶剂和固体颗粒等活性物质。净化柱由氧吸附材料、水吸附材料和活性炭组成。常见的氧吸附材料是铜触媒。当气体中含有氧气时，氧气与铜触媒反应生成氧化铜。常见的水吸附材料是分子筛。当气体中含有水分子时，分子筛吸附水分子，从而起到除水的作用。当吸附材料达到饱和状态时，需要对吸附材料进行再生处理。对手套箱进行再生操作时，以氮、氢混合气（氢气含量为 5%～10%）作为再生气体，氢气作为还原气体，与铜触媒发生还原反应，使其具有活性。通过加热的方式活化分子筛，高温条件下以氮气置换净化柱内吸收的水分子，水分子脱离分子筛，使分子筛再次具有吸附性能。净化系统内吸附材料的吸附和再生原理如图 2.2 所示。

---

① 1 ppm=1×10^{-6}。

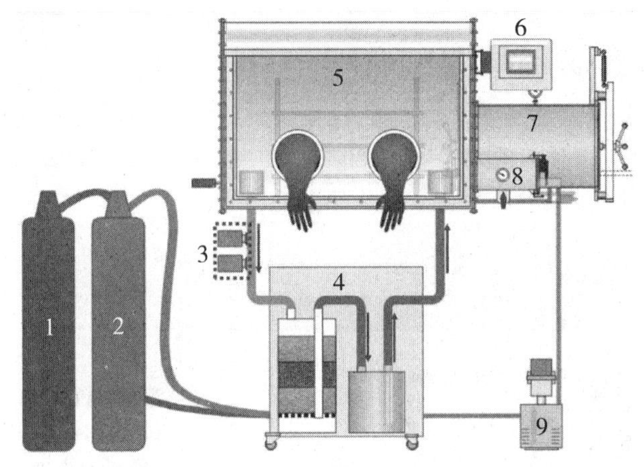

1—再生气；2—工作气；3—水、氧分析仪；4—净化系统；5—箱体；
6—操作屏幕；7—大过渡舱；8—小过渡舱；9—真空泵

图 2.1　手套箱的结构示意图

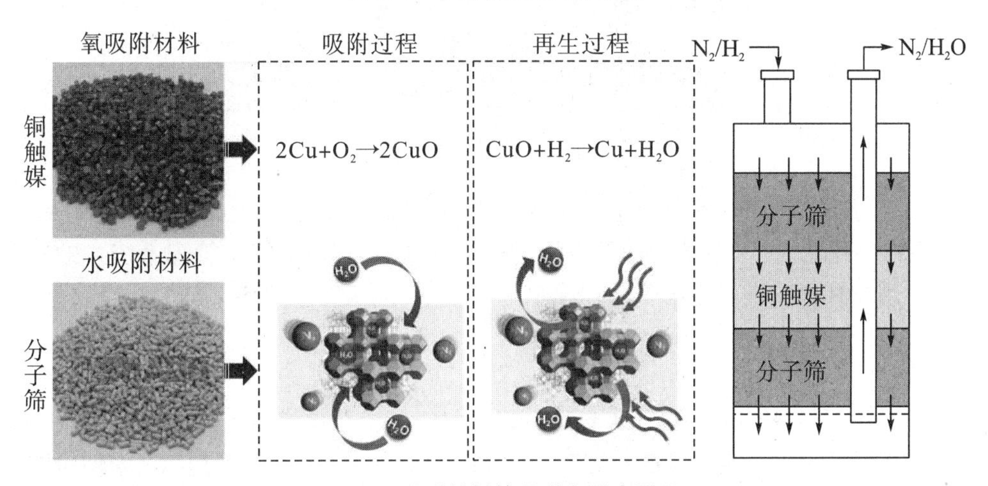

图 2.2　吸附材料的吸附和再生原理

2.1.2　手套箱的操作技能培训

本节将以威格手套箱为例，阐述手套箱的基本操作和常见问题的解决方法。

2.1.2.1　界面设置

手套箱的控制软件包含系统管理、任务选择、参数设定、化学软件、主画面、帮助等模块，具体如下：

（1）系统管理：语言、用户管理。

（2）任务选择：循环、再生、清洗、泄漏检查、数据曲线（压力曲线、氧曲线、水曲线）、数据导出 USB。

（3）参数设定：箱压设置、报警设置、自动抽充设置、循环设置、工厂设置、时间设置、屏保设置。

(4) 化学软件：一般不用。

(5) 主画面：此界面含有常规操作的快捷图标，其中包括设定（箱压设定、报警设定、泄漏率)、报警、再生、循环、自动抽充、照明等，如图 2.3 所示。在主画面上点击快捷图标可以直接实现相应功能或者设置相关参数。

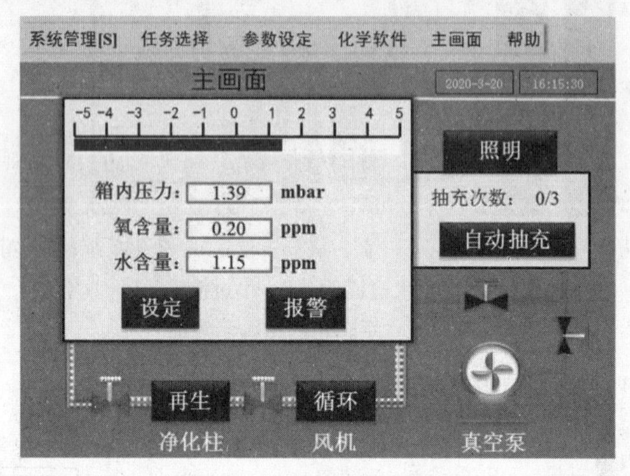

图 2.3 主画面的操作界面

登录手套箱管理系统后可对手套箱进行操作和维护。登录手套箱管理系统的基本方法：①更改系统语言："系统管理" → "语言" → "中文"；②登录管理系统："系统管理" → "用户管理" → "登录" → "确定"。

2.1.2.2 清洗操作

由于操作不当或者手套箱漏气造成手套箱内的氧含量偏高（>200 ppm）时，需要对手套箱进行清洗。开始清洗时可以采用手动模式，清洗时间不宜过长，以免造成气体浪费。清洗几分钟或者十几分钟，停止清洗半小时①，再进行清洗工作，如此循环，直至箱内氧含量低于 100 ppm，清洗操作完成。手套箱清洗的基本步骤如下：

(1) 打开工作气，将工作压力设置为 0.4～0.5 MPa②。

(2) 关闭循环功能③，"任务选择" → "清洗"，对箱内压力和清洗时间进行设置，如图 2.4 所示。清洗时间从几分钟到十几分钟④。当多组手套箱气路串联时，串联的手套箱不可以同时进行清洗操作，以免出现箱内压力过小，减慢清洗速度的现象。当手套

① 采用间断清洗的目的是使手套箱内的气体混合均匀，节约工作气。

② 当对一组手套箱进行清洗操作时，工作压力可以设置为 0.3～0.4 MPa。当多组手套箱气路串联时，工作压力需要适当增加。

③ 手套箱的循环、再生和清洗功能不能同时进行，当启动其中一项功能后，其他两项功能将无法正常启动。所以在开启清洗功能前必须关闭循环功能，否则无法进行清洗操作。

④ 根据手套箱内的氧含量设定清洗时间。长期不用，手套箱内的氧含量非常高，需要的清洗时间比较长，可以设定为 20 min；当手套箱内的氧含量较低时，需要的清洗时间比较短，可以设定为几分钟。整个清洗过程以"清洗—静置—清洗"的模式进行。

箱内的水、氧含量都低于 100 ppm 时，可停止清洗，开启自动循环模式，手套箱的净化系统将除去手套箱内剩余的氧气和水分。

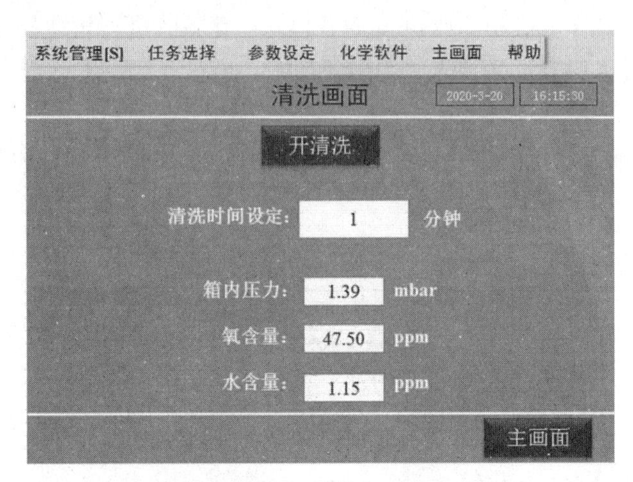

图 2.4　清洗的参数设置界面

2.1.2.3　再生操作

手套箱的净化柱内装有水、氧吸附材料，新材料的吸附能力强，吸附速度快。随着手套箱使用时间的延长，吸附材料逐渐达到饱和状态，吸附能力下降，导致手套箱内的水、氧含量逐渐升高。当手套箱的净化系统持续循环纯化，手套箱内的水、氧含量持续高于 1 ppm 时，需要考虑利用再生气（氮、氢混合气，氢气含量为 5%～10%）对吸附材料进行再生处理，使吸附材料重新获得吸附活性。不同型号手套箱的再生原理和过程基本相同。手套箱再生的基本过程如图 2.5 所示。

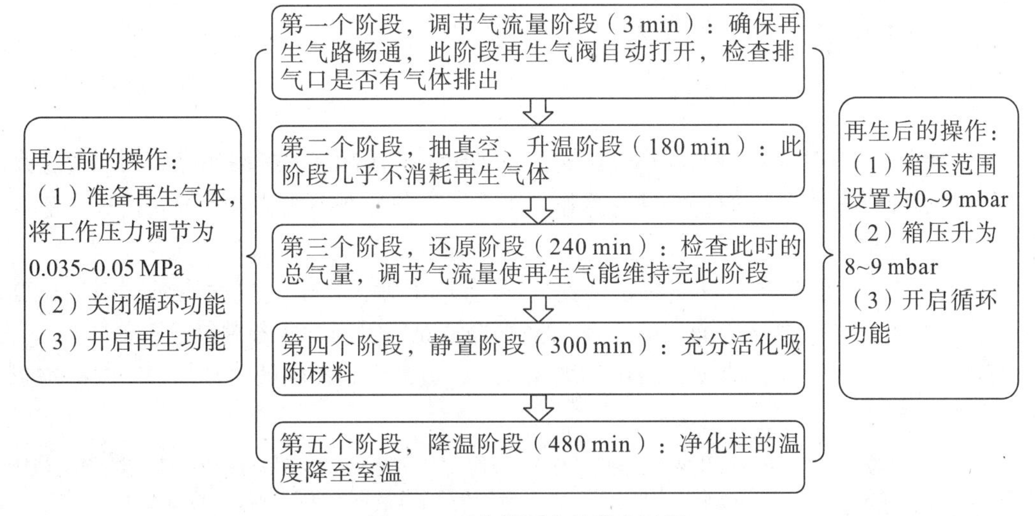

图 2.5　手套箱再生的基本过程

吸附材料再生要经过五个阶段，第三个阶段是决定再生效果的关键阶段。在第三个阶段，必须再次确定气流量是否合适，确保再生气能维持完此阶段。此外，对手套箱进行再生操作时，手套箱内的氧含量必须低于 200 ppm。当氧含量过高时，先对手套箱进行清洗操作，使其氧含量低于 200 ppm 后，再对净化系统进行再生操作[①]。手套箱不能同时开启循环和再生功能，必须先关闭循环功能，再对手套箱进行再生操作。

（1）关闭循环功能。

（2）“任务选择”→“再生”，或者直接从主画面进入再生画面，启动再生功能，如图 2.6 所示。

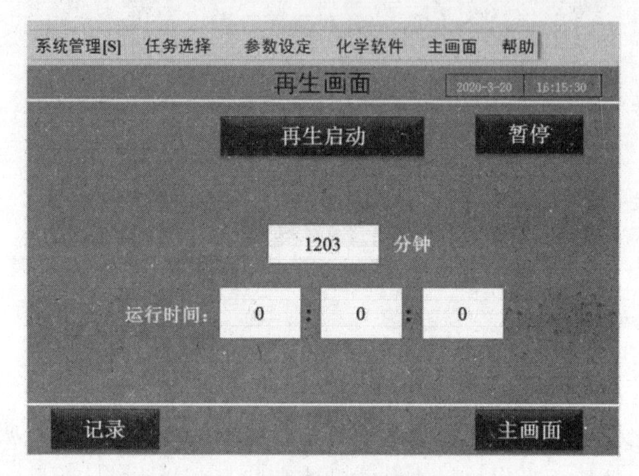

图 2.6　再生的参数设置界面

（3）调节再生气的工作压力为 0.035～0.05 MPa[②]，确保再生气路畅通。

（4）再生完毕，系统自动关闭再生功能。

（5）净化柱的温度降至室温后，设置箱压（高限和底限），确保手套箱的压力大于 8 mbar[③]，开启循环功能。

（6）箱压恢复为“初始值”，再生操作完成。

2.1.2.4　大过渡舱抽充操作

一般手套箱设计大过渡舱和小过渡舱，主要用于传递试剂和实验用品。利用大过渡舱传递物品后需要对过渡舱进行抽充操作，可采用手动抽充模式和自动抽充模式。基本操作方法如下：

（1）“参数设定”→“自动抽充设置”，或者从主画面点击“自动抽充”（图 2.7）进入自动抽充的参数设置界面（图 2.8），对自动抽充的时间和次数进行设置。

（2）在主画面中可以直接进行手动抽充操作，点击主画面中的“充气阀”图标控制

---

① 再生后需要开启循环功能。如果手套箱内的氧含量过高（>200 ppm），容易损伤吸附材料，甚至固化活性材料（再生后，净化柱未降至室温，其手套箱内的氧含量较高），使其无法再次被活化而丧失吸附能力。

② 当手套箱上未安装再生气的流量阀时，再生气的工作压力不宜高于 0.10 MPa。再生气主要在第三个阶段消耗，在此阶段调节气流量，确保再生气能维持完此阶段。再生过程中不允许更换再生气和工作气。

③ 1 mbar=10^2 Pa。

大过渡舱的充气操作，点击主画面中的“抽气阀”图标控制大过渡舱的抽真空操作，如图 2.7 所示。

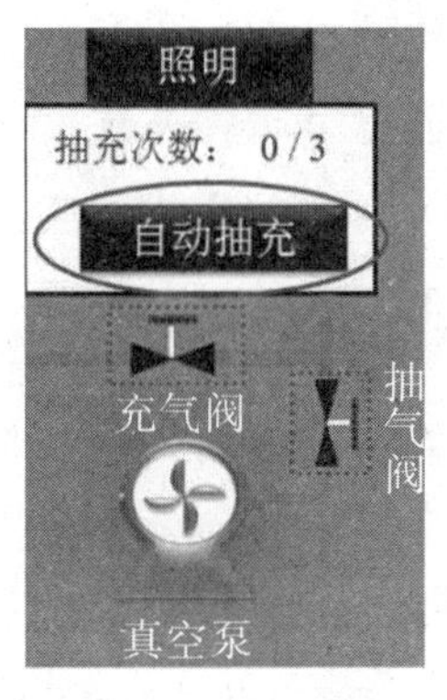

图 2.7　主画面中的大过渡舱抽充操作图标

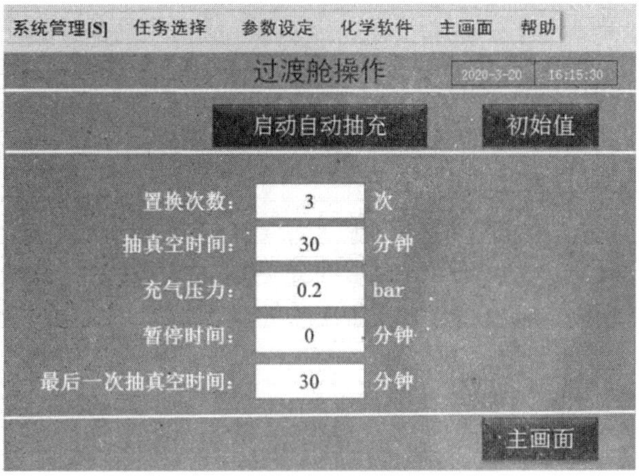

图 2.8　自动抽充的参数设置界面

2.1.2.5　更换手套箱盲板操作

由于实验需要或者箱内仪器要求，有时需要更换手套箱盲板。更换手套箱盲板时需要保持手套箱内的压力高于大气压，避免空气进入手套箱。同时，更换盲板的动作要快，尽量缩短更换时间和减小盲板处的开口。更换盲板时，一般箱压底限设为 2 mbar，高限设为 5 mbar。更换完毕，箱压恢复为初始值。

2.1.2.6　系统设定界面

“参数设定”→“箱压设置”，或者在主画面上直接点击“设定”图标，进入系统设定界面（图 2.9），设置箱压的高限和底限。

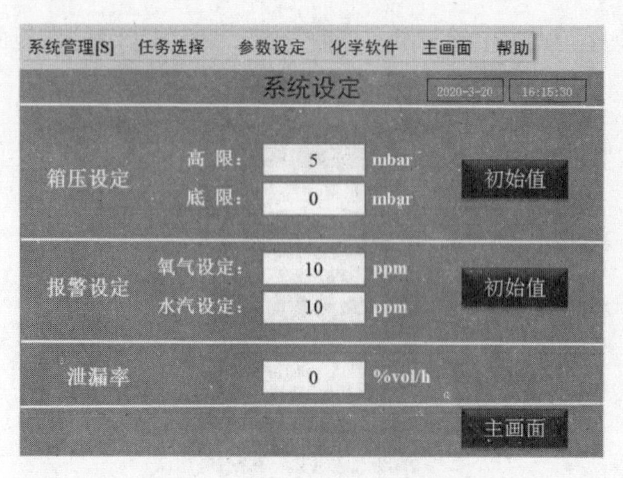

图 2.9　系统设定的参数设置界面

2.1.2.7　常见问题汇总

（1）手套箱气密性检查。

当手套箱用气量明显增加时，必须对手套箱和气路系统进行检漏排查。手套箱气密性检查的基本方法：①打开手套箱的工作气，依次排查工作气至手套箱的气路是否完好，尤其要检查各个气路的连接处是否漏气。②打开减压阀至 0.4 MPa，5 min 后关闭工作气总阀，确保手套箱无补气操作（可将手套箱关闭），1 h 后观察减压阀压力读数是否降低，若明显降低，表明气路系统存在漏气点。③启用泄漏率手动检测："任务选择"→"泄漏检查"→"手动检测"→"确认"。④关闭循环功能，暂停循环风机，将箱压调节至 8 mbar，大约 10 min 后箱压基本稳定，观察氧含量上升值。如果 0.5 h 后氧含量上升值大于 5 ppm，说明泄漏率过高。如果氧含量上升速度加快，说明手套箱有漏气的位置。⑤设置箱压为 5~7 mbar，观察箱压变化，如果箱压规律性地减少，并伴有补气操作，说明手套箱有漏气的位置。

（2）维护和保养真空泵。

真空泵必须使用专用的真空泵油，不能几种真空泵油混用。当油位接近最低刻度或者真空泵油变浑浊时，需要更换真空泵油。更换真空泵油时，先用石油醚或者少量的真空泵油清洗真空泵，待清洗液或者真空泵油全部流出后，添加真空泵油至 2/3 刻度处。

（3）更换手套。

丁基橡胶手套容易被针头和碎玻璃割破。手套破损后，箱内氧含量容易上升，所以要经常检查手套的使用情况，避免其破损。更换手套常用的方法：①从外面套上新手套，用一根氮气（或氩气）管在新、旧手套之间吹一段时间，排净新、旧手套之间的空气，将新手套慢慢套好，同时将旧手套逐渐取下，并从小过渡舱取出旧手套；②将新手套折叠好，尽量排除手套内的空气，由小过渡舱将新手套传送至箱内，从里面将新手套慢慢套入铝合金手套口。新手套套好后，取下旧手套，更换手套操作完成。

（4）慎放溶剂类型。

一般来说，易挥发的有机溶剂容易损伤手套箱内的仪器、药品和手套箱净化系统的吸附材料，其中以酸性溶剂和含卤素、易挥发的有机溶剂对手套箱的损伤最大。因此，手套箱内严禁放置酸性溶剂和含卤素、易挥发的有机溶剂。

思考题

（1）简述手套箱的基本结构和工作原理。

（2）手套箱的作用是什么？一般有哪些原因会导致手套箱用气量突然明显增加？如何验证这种推测？

（3）手套箱内的水、氧含量始终降不下去，应该如何处理？如果真空泵中进了水，如何排除以减少水分对真空泵的损伤？

（4）如何向手套箱内传递无尘纸和手套等容易吸附或者夹带水分和氧气的实验用品？如何传递粉末药品和易挥发的液体药品才能避免粉末飞溅和溶剂喷出等现象？

2.2　等离子体清洗机

2.2.1　等离子体清洗机简介

连续为物质提供能量，使物质温度升高，物质将由固态转变为液态，然后过渡为气态。如果继续提供能量，物质的原子核层发生分裂，外层电子摆脱原子核的束缚，物质成为电子和带正电荷的离子的混合物，这些离子浆中正、负电荷总量相等，近似为电中性，称为等离子体。等离子体产生过程可简述为：在持续提供能量的条件下物质状态发生变化，由固态变为液态、气态和等离子态的过程，如图 2.10 所示。离子化气体状物质，尺寸大于德拜长度的宏观电中性电离气体，运动受电磁力支配，表现出显著的集体行为。等离子态是不同于固态、液态和气态的物质第四态。自然界中存在等离子体，例如闪电、极光、火焰等现象。图 2.11 展示的是自然界中常见的闪电现象。此外，氖管、焊接和闪光灯均会产生人造等离子体。

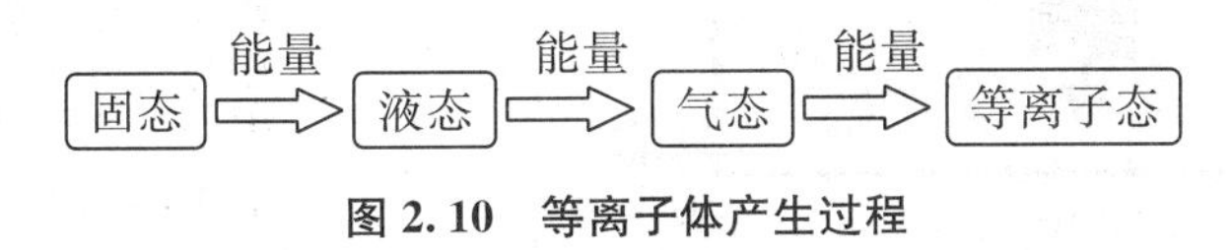

图 2.10　等离子体产生过程

等离子体应用广泛，常见的应用包括以下几个方面：①清洗：例如清洗材料表面的有机溶剂、氧化物等；②材料表面活化：例如真空焊接时金属表面活化、塑料表面的亲水性或者疏水性活化处理、玻璃与陶瓷的活化等；③蚀刻：等离子体使材料表面图形化和粗糙化的过程；④等离子聚合镀层：适用于金属、塑料、玻璃、陶瓷、半导体材料等镀层处理；⑤特殊工艺：卤化、消毒、溅射镀层等。等离子体可修饰和改性材料的表面特性。例如，小型和微型部件的精密清洗，在胶结、上漆之前对塑料部件进行活化，蚀刻和去除部分聚四氟乙烯、光刻胶等材料，对具有类似聚四氟乙烯涂层、阻隔涂层、疏水性涂层、亲水性涂层、减摩擦涂层等的部件进行喷涂处理。

图 2.11　自然界中的等离子体——闪电

常见的人工产生等离子体的技术包括低压等离子体技术和常压等离子体技术。本节将简单介绍低压等离子体技术。在低压等离子体技术中，通过提供能量激发真空中的工作气，产生高能量的离子、电子和其他活性粒子，形成等离子体。低压等离子体处理装置的重要组成部分是真空腔室、真空泵和高频发生器。首先，利用真空泵使真空腔室产生低压环境（压力约为 0.1 mbar）。其次，导入工作气，当达到合适的平衡压力时，启动高频发生器。此时，在高频电场中，工作气发生电离，产生高能等离子体。装置的结构如图 2.12（a）所示。

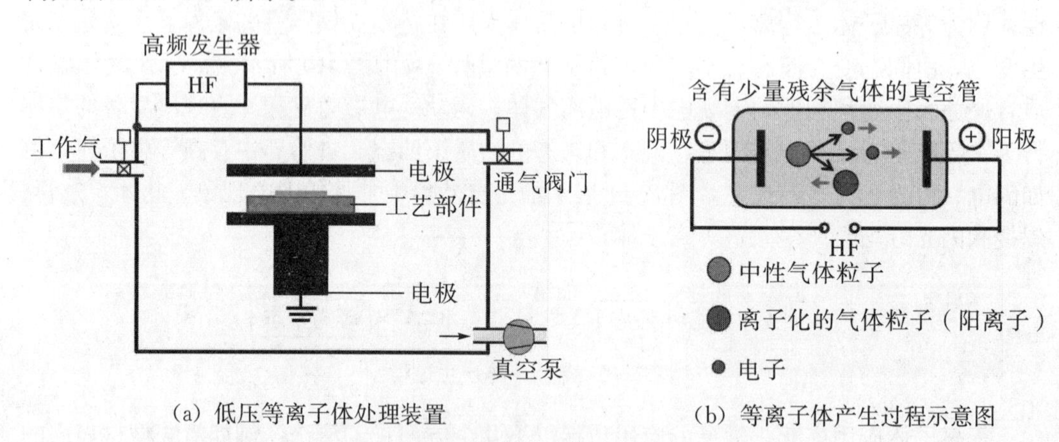

（a）低压等离子体处理装置　　（b）等离子体产生过程示意图

图 2.12　低压等离子体处理装置和等离子体产生过程示意图

电子（带负电的粒子）与气体分子（工作气）碰撞，气体分子的电子被激发出来，气体分子变为带正电的离子并向负极移动，电子向正极移动并与更多的气体分子相遇。加速的阳离子使负极释放出大量的电子。这个过程如雪崩般持续进行，碰撞导致等离子体混合体系发射出可见光。在能量源存在的条件下，气体电离会持续进行，电离过程如图 2.12（b）所示。等离子体处理装置应用领域不同，结构和配置要求也不同，例如腔室的大小、真空泵的性能参数、高频发生器的规格等。处理的部件大小、数量等因素决定了腔室的大小，腔室的大小决定了真空泵的性能参数，等离子体的种类（电离所需的能量）决定了高频发生器的规格等。

在电子半导体领域，等离子体技术应用非常广泛，常见的应用包括点胶前处理，封装前处理，粘接、引线结合、成型前预处理，改善支架电镀效果，半导体/LED 产品表面有机污物去除，半导体产品表面氧化膜去除等。此外，利用氧等离子体处理 ITO 基板、硅片或其他基板的表面，不仅可以清洁基板表面，而且可以改善基板的性能。利用等离子体清洗具有明显的优势：①无须化学试剂，不产生废液；②可实现整体和局部复杂结构的精细清洗；③工艺易控制，可重复，便于自动化。

利用氧等离子体处理 ITO 表面不仅可以有效地清洁 ITO 表面，而且可以提高 ITO 的功函数，减小从 ITO 向有机薄膜的空穴注入势垒。同时，氧等离子体可以提高 ITO 表面的浸润性能，改善有机材料在 ITO 表面的成膜性能等。氧等离子体的产生过程可简述为：将氧气或者空气作为工作气引入电感耦合或者电容耦合产生的射频能量场中，氧气电离产生氧等离子体，对基板表面进行清洁和改性处理。电容耦合的电路和控制系统较简单，容易形成大面积均匀的等离子体，被广泛用于半导体器件生产工艺。装置构造如图 2.13 所示。

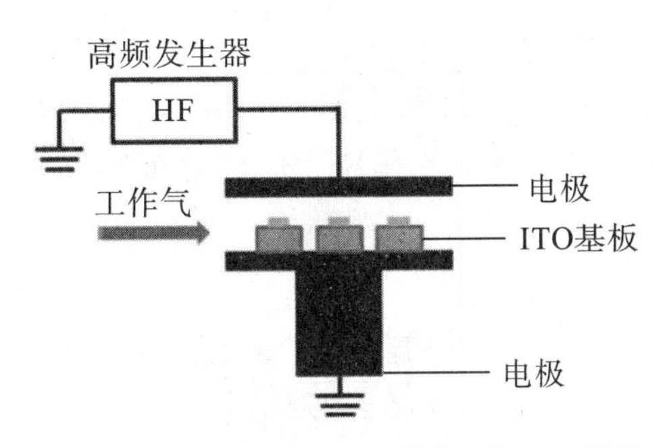

图 2.13　基于电容耦合的 ITO 氧等离子体处理装置示意图

值得注意的是，利用等离子体可以去除部件表面的有机污染物，但是无法去除无机污染物（例如灰尘、汗液中的无机盐等）。因此，取放工艺部件时必须佩戴手套。同时，经过等离子体处理的部件不建议放置于露天环境，环境中的灰尘、有机污染物、空气湿度等都会影响处理效果。

2.2.2　等离子体清洗机的操作技能培训

本节将以 Diener 公司型号为 Femto 的低压等离子体清洗机为例开展等离子体清洗机的操作技能培训。低压等离子体清洗机如图 2.14 所示。

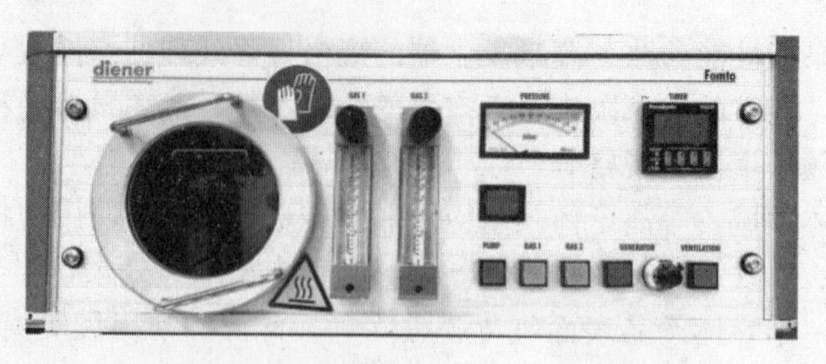

图 2.14　低压等离子体清洗机实物图

等离子体清洗机的具体操作步骤如下：

(1) 打开工艺气体，检查气路和电路连接情况。

(2) 确保真空泵处于开启状态。

(3) 非操作人员远离设备。

(4) 打开设备主开关。

(5) 将工艺部件放入真空腔室。

(6) 检查真空腔室并确保反应腔内只有工艺部件①。

(7) 关闭真空腔室门。

(8) 启动真空泵②：点击“PUMP”，使反应腔内压力降至设备工作压力(<0.4 mbar)。真空腔室压力小于 0.02 mbar 后，导入工艺气体（纯氧气或者空气）。

(9) 导入工艺气体：点击“GAS1”（氧气）或者“GAS2”（空气），导入工艺气体，调节流量控制阀，使真空腔室的平衡压力保持为 0.3~0.4 mbar。流量控制阀的结构如图 2.15 所示。

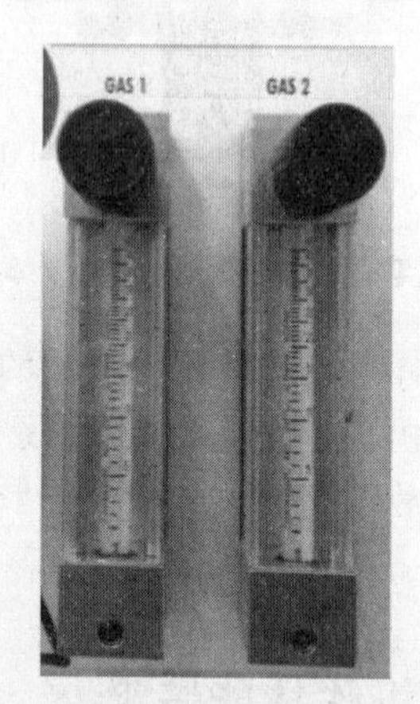

图 2.15　流量控制阀的结构

(10) 设置处理工艺的时间和高频发生器的功率：在仪器控制面板的时间设置窗口

① 低压等离子体清洗机的真空腔室需定期清洗，使用无水乙醇和无尘纸擦拭反应腔室和腔室门。擦拭时不要触碰腔室内的电极板。

② 真空腔室门必须安装到位，否则真空泵无法启动。

设置等离子体处理的时间[①]；使用功率调节旋钮，调整等离子体产生的功率[②]。等离子体清洗机的控制面板如图 2.16 所示。

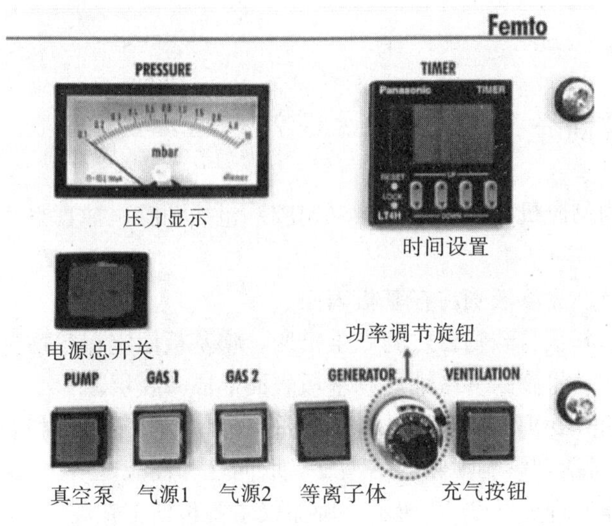

图 2.16　等离子体清洗机的控制面板

(11) 激活高频发生器：点击"GENERATOR"，启动高频发生器，产生等离子体[③]。

(12) 结束操作：等离子体处理工艺结束后，依次关闭工艺气体控制按钮("GAS1"或者"GAS2")、流量阀（顺时针旋转）和真空泵（"PUMP"）。

(13) 点击"VENTILATION"，向真空腔室内通入空气，腔室压力达到大气压力后，再次点击"VENTILATION"。

(14) 打开真空腔室门，取出工艺部件并检查反应腔内是否有残留部件，关闭真空腔室门。

(15) 关闭等离子体清洗机电源总开关。

思考题

(1) 简述物质产生等离子体的基本条件和过程。

(2) 简述低压等离子体处理装置的基本结构、工作原理和氧等离子体产生的过程。

(3) 是否可以徒手取放需要等离子体处理的工艺部件？请说明原因。

(4) 当通入工艺气体后，保持真空腔室平衡压力为 0.3～0.4 mbar，启动高频发生器产生等离子体。为何需要保持真空腔室压力为 0.3～0.4 mbar？真空腔室压力过高或者过低对工艺部件处理效果有何影响？

---

① 设置好处理时间后，点击"LOCK"，避免不当操作修改处理工艺。

② 设置好处理功率后，锁定功率调节旋钮，避免不当操作修改处理工艺。

③ 开始等离子体处理后，发现处理工艺不当时需要修改处理时间：在"TIMER"模块依次点击"LOCK""RESET"，解除"TIMER"锁定状态，修改等离子体处理时间。

2.3 旋涂仪

2.3.1 旋涂仪简介

旋涂仪又称为匀胶机。典型的旋涂（匀胶）包括滴胶、抽真空、高速旋转和干燥四个过程，具体如下：

（1）滴胶：将旋涂溶液滴注在基板表面。

（2）抽真空：基板与载物台之间产生负压，将基板固定在载物台上。

（3）高速旋转：将旋涂溶液铺展到基板表面形成薄膜层。

（4）干燥：退火处理去除薄膜层中多余的溶剂。对于部分材料（例如高分子材料等），退火过程也可能会影响薄膜的结晶度、取向性和性能。

旋涂仪的工作原理如图 2.17 所示。旋涂仪主要包括工艺腔、真空系统、压力显示、控制系统等部分，如图 2.18 所示。

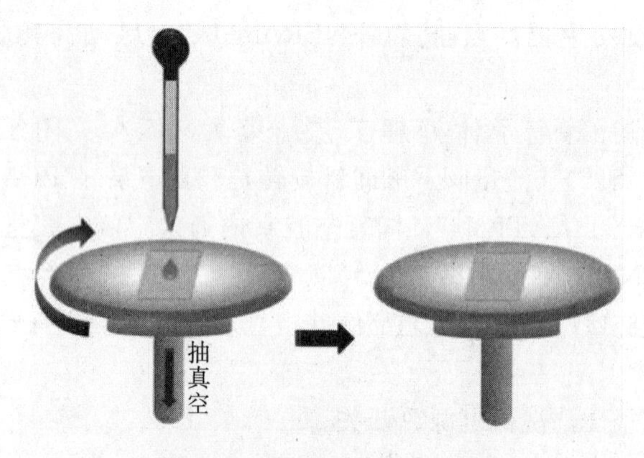

图 2.17　旋涂仪的工作原理

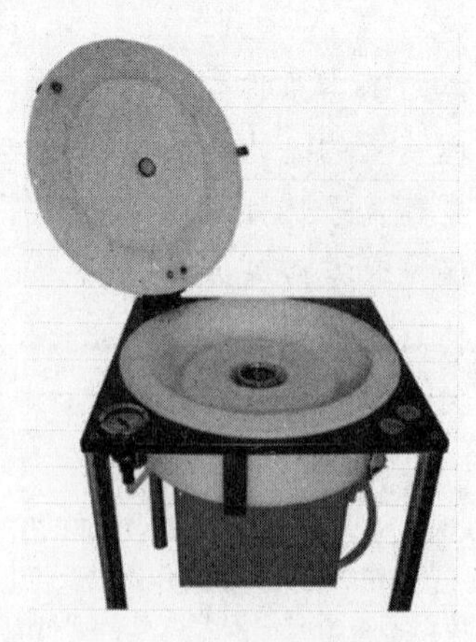

图 2.18　旋涂仪实物图

常见的滴胶方式包括静态滴胶和动态滴胶。静态滴胶是简单地把旋涂溶液滴注到静止的基板表面的中心。动态滴胶是在基板低速旋转（例如 500 rpm）的条件下滴注旋涂溶液。“动态”的作用是铺展开基板表面的旋涂溶液。滴注完毕后进行高速旋转（1500～6000 rpm），使薄膜变薄，最终达到要求的膜厚。

旋涂溶液在基板边缘方向的剪刀力和溶剂挥发速度共同决定了膜厚。溶剂不断挥发，旋涂溶液的黏度逐渐增大，直至基板旋转作用于材料的离心力不再使其在基板表面移动时，膜厚将不再随旋涂时间的延长而变薄。旋涂仪的加速度和匀速旋涂速度都会影响膜厚。在基板旋转的第一阶段，旋涂溶液的溶剂开始挥发，开始旋涂（匀胶）的几秒钟内部分溶剂可以挥发 50%。在图形化的基板表面旋涂（匀胶）时，加速度将影响薄膜的质量，需要精确控制加速度。旋涂（匀胶）过程使旋涂溶液产生离心力，在旋涂溶液表面产生扭力，扭力使旋涂溶液在已有的图形周围扩散开。转速是旋涂（匀胶）过程中最重要的因素，将决定薄膜最终的厚度。尤其是在高速旋转阶段，转速每改变 50 rpm，最终的膜厚可产生 10%的偏差。基板的转速不仅影响作用于旋涂溶液的离心力，而且影响基板表面空气的湍动和基板与空气的相对运动速度。旋涂溶液的性质和基板间的作用力共同决定了最终的旋涂工艺。如图 2.19 所示，在旋涂工艺中可以根据材料性质、溶剂性质、基板性质和膜厚要求设置旋涂工艺参数，例如转速、加速度和各工艺步骤时间等。

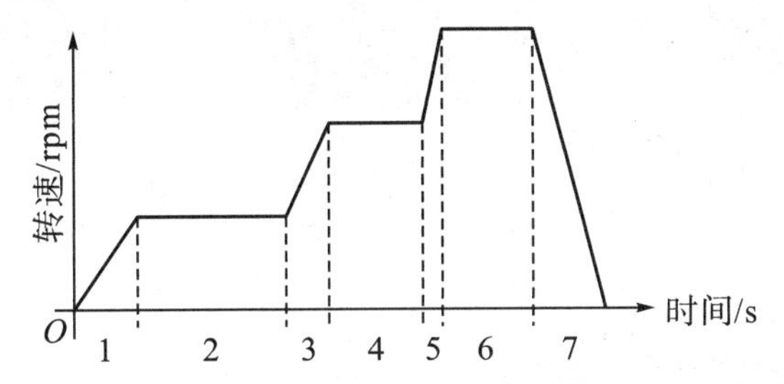

1、3、5—加速阶段；2、4、6—匀速阶段；7—减速阶段

图 2.19　旋涂工艺示意图

如果基板处理不当或者旋涂成膜工艺参数设置不当，薄膜将出现一系列问题，影响下一步的应用。在旋涂成膜过程中，常见的成膜问题如下：

（1）表面出现气泡：滴管口部或喷嘴处理不当或者带毛刺，将导致旋涂溶液中有气泡，这会导致旋涂得到的薄膜表面出现如图 2.20（a）所示的气泡。

（2）四周呈现放射状条纹：造成图 2.20（b）所示现象的原因有多种，旋涂溶液或者基板表面有固体颗粒（灰尘等）是常见原因之一。此外，旋涂溶液喷射速度过快、设备排气速度过快、旋涂溶液涂覆前静置时间过长、旋涂仪转速或者加速度设置过高都会造成此现象。

（3）中心出现涡旋图案：设备的排气速度过快、旋涂时间过长、加速度过高和旋涂溶液偏离基板中心都会使薄膜中心出现漩涡图案，如图 2.20（c）所示。

（4）中心出现圆晕：托盘大小不合适和喷嘴偏离基板中心会造成薄膜中心出现圆晕，如图 2.20（d）所示。

（5）旋涂溶液未涂满基板：旋涂溶液过少或者旋涂加速度不合适将造成旋涂溶液未涂满基板的现象，如图 2.20（e）所示。

（6）表面出现针孔：旋涂气氛（一般为空气）粉尘较多、基板表面存在固体颗粒（未清洗干净或者灰尘落到基板表面）、旋涂溶液中存在颗粒（例如灰尘等）或气泡等都有可能导致薄膜表面出现针孔，如图 2.20（f）所示。

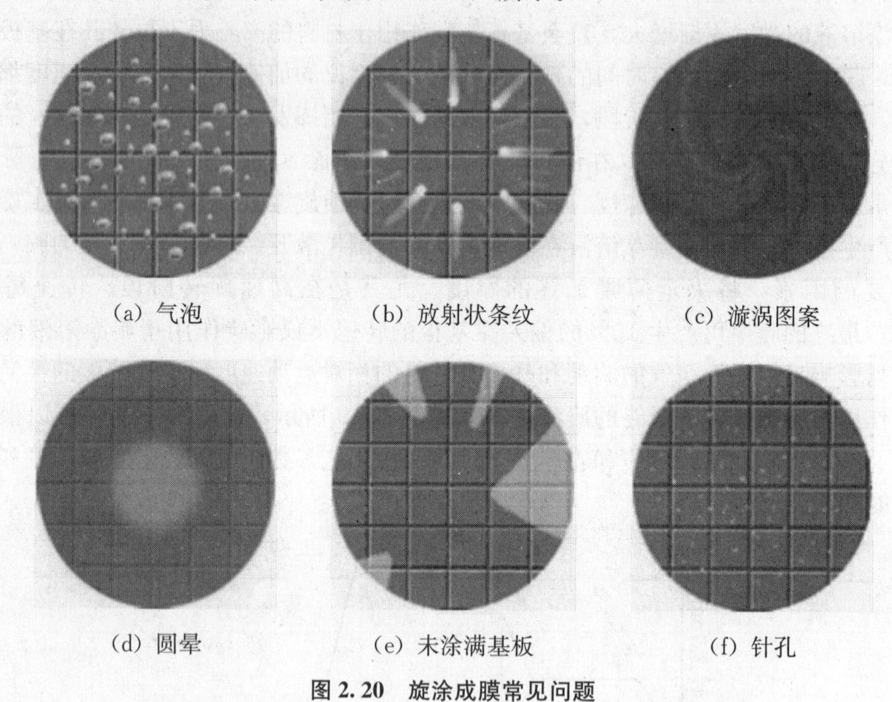

(a) 气泡　(b) 放射状条纹　(c) 漩涡图案

(d) 圆晕　(e) 未涂满基板　(f) 针孔

图 2.20　旋涂成膜常见问题

2.3.2　旋涂仪的操作技能培训

本节以 Sawatec AG 型号为 SM－150/SM－180 的旋涂仪为例开展旋涂仪的操作技能培训。

2.3.2.1　基本操作

旋涂仪的基本操作如下：

（1）开机：依次启动真空泵、旋涂仪，电源开关如图 2.21 所示。当旋涂仪处于紧急停止状态（旋紧状态）时，只能编写旋涂工艺程序，无法进行其他操作。当使用旋涂仪制膜时，必须保证紧急停止按钮处于旋松状态。

（2）编写旋涂工艺程序。

（3）调用旋涂工艺程序。

（4）滴注旋涂溶液。

（5）启动旋涂工艺程序。

（6）制膜完成后取下基板，关闭旋涂仪。

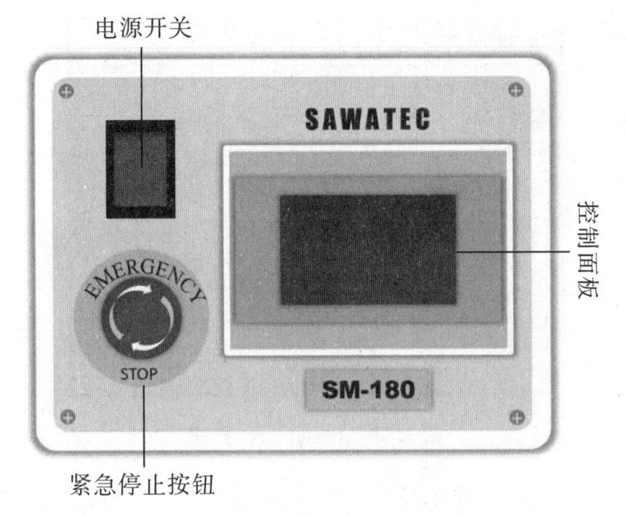

图 2.21　旋涂仪的操作面板

2.3.2.2　编写旋涂工艺程序

启动系统，进入 Standby 界面（图 2.22），点击界面中虚线框标注的图标，进入 Parameters 界面（图 2.23）。点击 Parameters 界面中的参数设置图标，进入旋涂工艺编写界面，根据实际需求编写旋涂工艺程序。

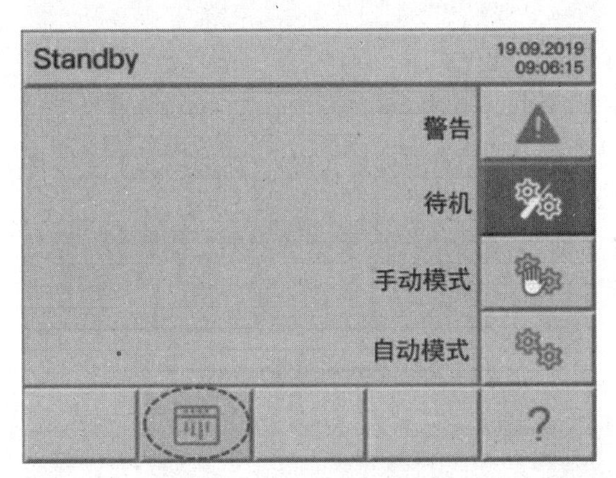

图 2.22　Standby 界面

图 2.23　Parameters 界面

在 Process Parameters 界面（图 2.24）编辑旋涂工艺“Segment”的时间和转数，点击向上箭头 △ 进入下一个旋涂工艺步骤的编辑界面，编辑相关的工艺参数。当编辑至最后一个步骤时，点击“End Seg.”后的方框，使其由“no”变为“yes”，表示旋涂工艺步骤结束，如图 2.25 所示。

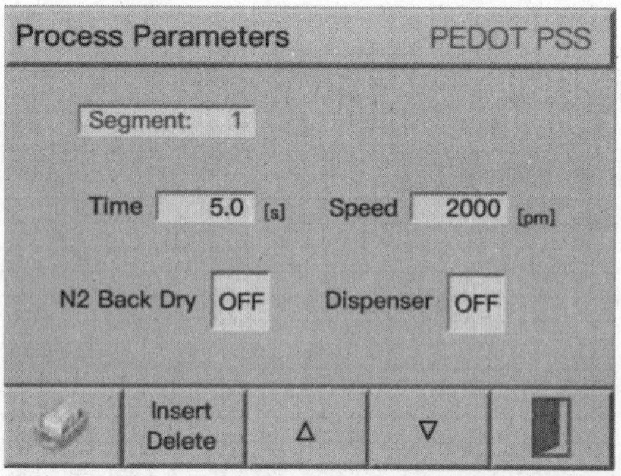

图 2.24　Process Parameters 界面

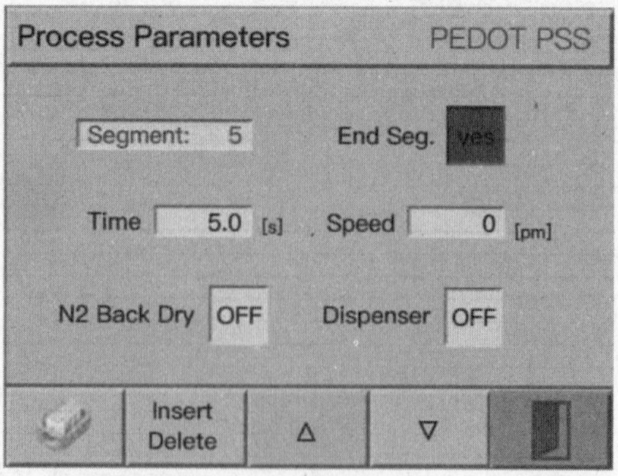

图 2.25　将“End Seg.”的“no”更改为“yes”

其中，“Insert/Delete”表示在当前旋涂工艺程序中添加或者删减制膜工艺步骤。点击“Insert/Delete”，将出现如图 2.26 所示的提示。点击“Insert”，表示在当前旋涂工艺步骤之后添加一个新的工艺步骤。点击“Delete”，表示删除当前旋涂工艺步骤。

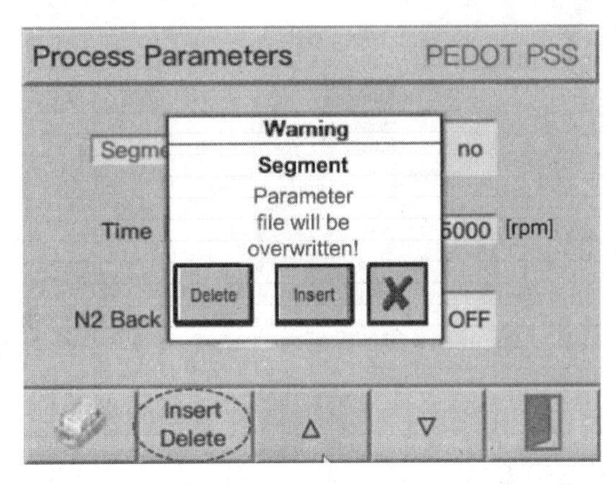

图 2.26　Process Parameters 界面中“Insert/Delete”的作用

程序编写完毕后，点击保存图标保存旋涂工艺程序。值得注意的是，保存不同的旋涂工艺程序时必须更改“File Name”，否则相同文件名的旋涂工艺程序的工艺参数将被更改为当前旋涂工艺程序的工艺参数。

2.3.2.3　调用旋涂工艺程序

点击保存图标进入 Parameter files 界面，查找到所需的旋涂工艺程序，选中，点击“Load”，在 Warning 对话框内选择“√”，如图 2.27 所示，旋涂工艺程序的工艺参数将更新为所选旋涂工艺程序的工艺参数。

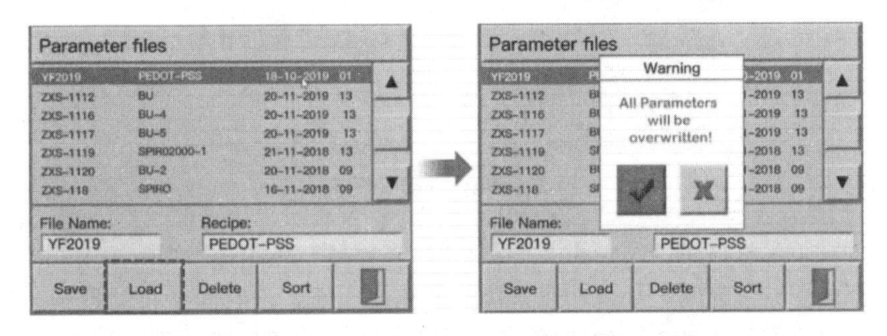

图 2.27　在 Parameter files 界面中调用旋涂工艺程序

2.3.2.4　几种情况说明

(1)“Save”存在的问题：保存旋涂工艺程序时必须更改“File Name”，不能出现同名文件（“Recipe”可以出现同名的工艺程序）。当存在相同文件名的旋涂工艺程序时，点击“Save”后会出现如图 2.28 所示的提醒。点击“√”，已经存在的同名旋涂工艺程序的工艺参数将被覆盖。点击“×”，编写的旋涂工艺程序将取消保存操作。

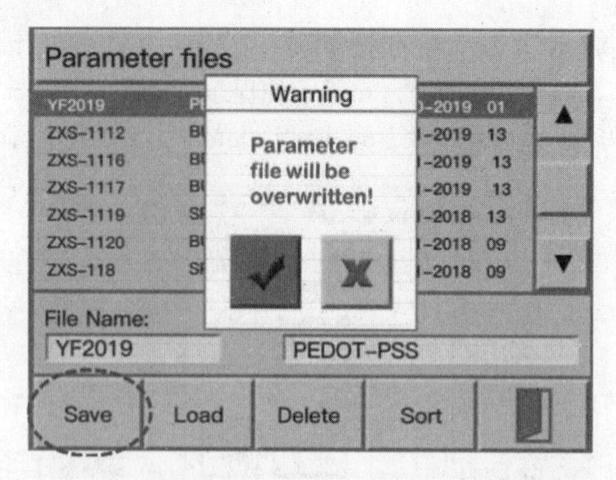

图 2.28　Parameter files 界面中“Save”误操作后的提醒

（2）自动控制界面：点击进入自动模式。调用旋涂工艺程序后选择合适的真空吸盘，将基板放置于吸盘的中心位置，点击“START”，当真空表读数超过 −0.5 mbar时，旋涂仪自动启动。当使用旋涂仪的同步按钮（VAC；START/STOP）进行自动旋涂时，需要旋涂仪控制面板处于自动控制界面（图 2.29），才可通过同步按钮实现自动旋涂。

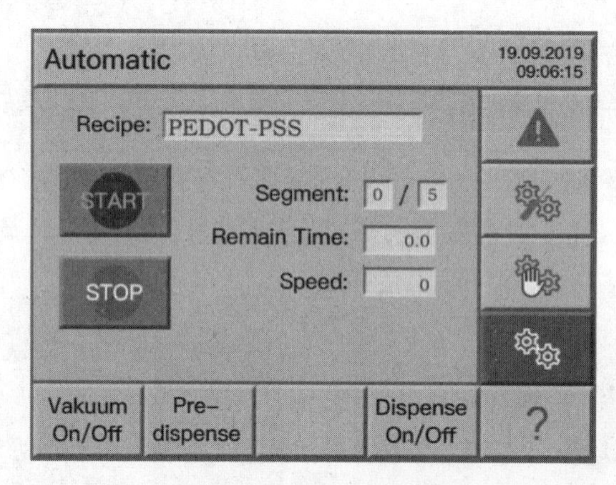

图 2.29　Automatic 界面

（3）旋涂工艺程序中“Remain Time”和“Speed”的含义：“Remain Time”为当前工艺步骤的总持续时间。如果加速太快或者减速太快，该时间会自动延长。“Speed”为当前步骤最终的旋涂速率。在旋涂工艺程序中应该包括加速过程、匀速过程和减速过程。

2.3.2.5　注意事项

（1）如果遇到提示警报，点击查看相应的警报信息，更正操作后点击取消警报，返回主界面，继续操作。

（2）如果出现“30 Lid open error”警报，说明旋涂仪盖未按要求关闭。如果旋涂仪盖已经关闭，此警报还频繁出现，说明传感器与旋涂仪盖未完全贴合。此时需要调节旋涂仪盖的位置，确保在旋涂仪盖关闭时传感器可以正确识别旋涂仪盖。

（3）一般情况下，手套箱内不允许旋涂酸性溶剂和含卤素、易挥发的有机溶剂。如果在手套箱内旋涂制膜时使用了此类溶剂，旋涂完毕后应该立刻对手套箱进行清洗处理。一般清洗 3～5 次，每次清洗 1 min。

思考题

（1）如果旋涂薄膜太厚，不符合实验要求，如何改变旋涂条件以得到所需厚度的薄膜？

（2）如果旋涂薄膜表面有很多针孔状的花纹，如何改变基板处理工艺或者旋涂工艺才可能消除薄膜表面的针孔，得到均一、高质量的薄膜？

（3）旋涂仪内嵌于手套箱内，使用酸性溶剂或者含卤素、易挥发的有机溶剂后，应采取什么措施以减少溶剂对手套箱内仪器的腐蚀和对净化系统活性材料的损伤？

2.4　高真空镀膜机

2.4.1　高真空镀膜机简介

高真空镀膜机由真空主体——真空腔、辅助抽气系统、蒸发系统、成膜控制系统等组成。高真空镀膜机的蒸发系统是成膜装置部分，工作原理包括空心阴极离子镀原理、磁控溅射原理、多弧离子镀原理、E 型电子枪原理、物理-化学气相沉积（PCVD）镀膜原理、电阻蒸发式镀膜原理等。高真空镀膜机的工作原理不同，对材料的性质要求也不同。本节将介绍电阻蒸发式镀膜机的基本构造、工作原理和应用实例。

电阻蒸发式镀膜机包括辅助抽气系统（机械泵、分子泵）、蒸发系统（加热电极、加热电源）、成膜控制系统（薄膜控制仪、晶振片）、蒸镀腔室等。图 2.30 展示了电阻蒸发式镀膜机的基本构造，包括加热电极、坩埚（或者电阻舟）、挡板（样品挡板、基板挡板等）、晶振探头、机械泵、分子泵等。

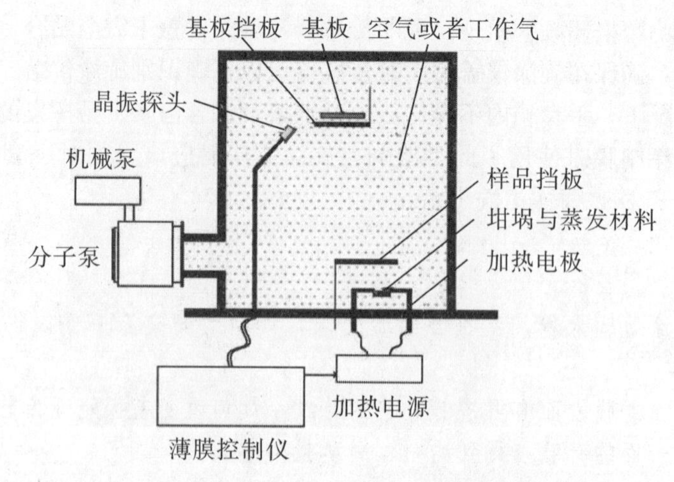

图 2.30　电阻蒸发式镀膜机的基本构造

图 2.31 是高真空镀膜机的立体图和实物图。用户需求或者厂家设计理念不同，高真空镀膜机内部的布局会有差别，但基本结构和作用相同。

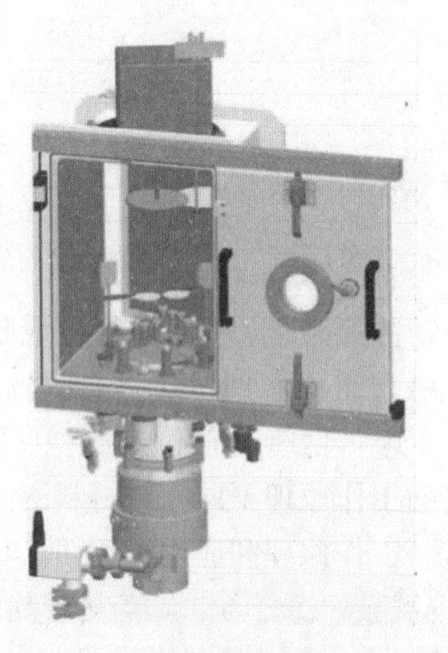

(a) 高真空镀膜机的立体图

(b) 高真空镀膜机的实物图

图 2.31　高真空镀膜机的立体图和实物图

2.4.1.1　辅助抽气系统

机械泵又称为前级泵，是应用广泛的一种低真空泵。机械泵依靠机械的方法不断改变泵内吸气腔的容积，使被抽容器内气体的体积不断膨胀从而获得真空。机械泵用真空泵油保持密封效果，真空极限为 10^{-2} Pa。

分子泵是指利用高速旋转的动叶轮（10000～60000 rpm）将动量传递给气体分子，使气体分子定向流动而抽气的真空泵。分子泵必须在分子流状态（气体分子的平均自由程远大于导管截面最大尺寸的流态）下工作，需配备工作压力为 1～10 Pa 的机械泵。

2.4.1.2　蒸发系统

目前应用最多、应用时间最长、应用范围最广泛的蒸发方式是电阻式蒸发。电阻式蒸发的工作原理是将电阻舟或者电阻丝（例如钨舟、石墨舟、钨蓝等）安装在两个电极之间，对其通电，电流流经电阻舟或者电阻丝时发热，在低电压、大电流的条件下使电阻舟或者电阻丝产生热量并传递给材料，在高真空条件下材料升华或蒸发。由于采用电阻式蒸发形成的薄膜致密性不佳，有些材料不宜采用电阻式蒸发镀膜方法，因此此类仪器的应用具有一定的局限性。图 2.32 展示了几种常见的蒸发源。根据材料的性质，选用不同形状的蒸发源。

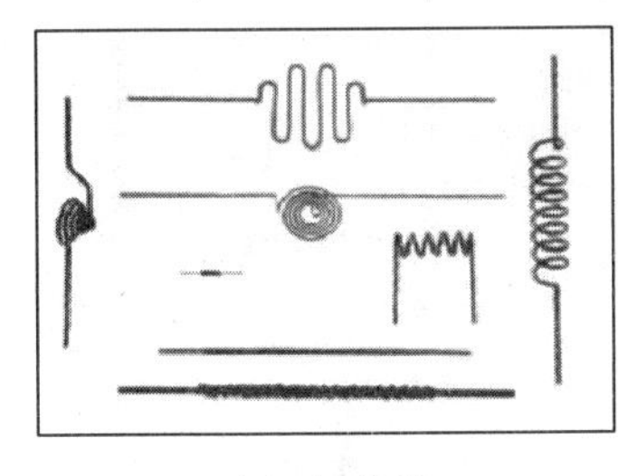

（a）加热丝

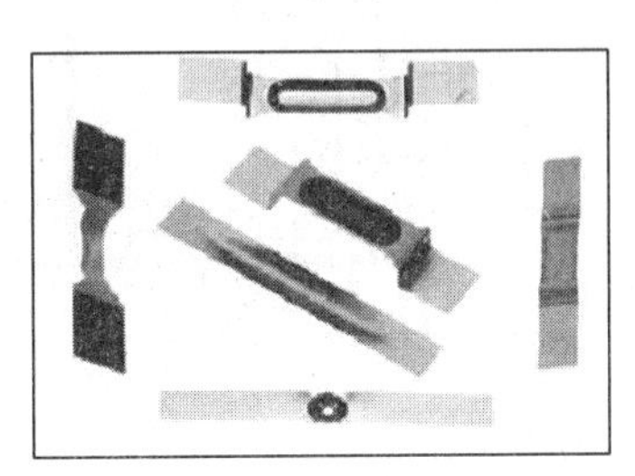

（b）加热舟

（c）坩埚

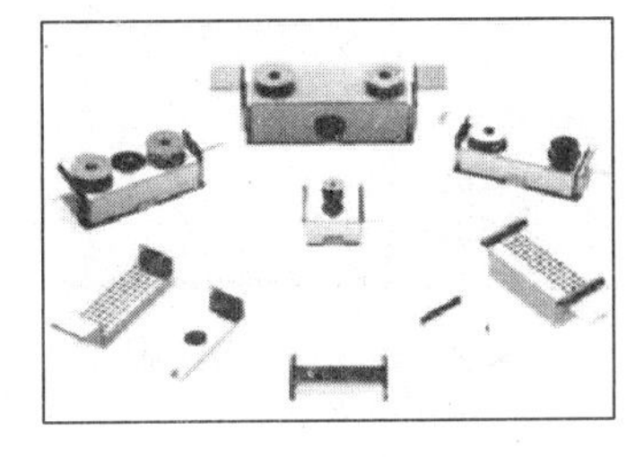

（d）盒状源

图 2.32　常见的高真空镀膜机蒸发源

2.4.1.3　成膜控制系统

镀膜过程的控制中心是薄膜控制仪。当前使用的薄膜监控技术主要包括目视监控法、定值（极值）监控法、晶振监控法、时间监控法等。本节介绍的薄膜控制仪采用的是晶振监控法，利用晶振片的振动频率与物质的质量成反比的原理监测材料蒸镀过程。当晶振片表面的膜厚增加到一定程度时，振动频率不再与薄膜厚度（质量）呈线性关系，因此，需要定期标定 Tooling Factor 或者更换晶振片。

2.4.1.4　蒸镀基本过程

高真空状态下加热蒸镀材料，使材料升华或者蒸发，充满整个腔室。大部分材料附着在腔室壁上，一部分材料挥发至基板表面形成薄膜，一部分材料挥发至晶振探头表面用于监测蒸镀速率和膜厚。薄膜蒸镀开始前蒸镀腔室处于四种状态（如图 2.33 所示）：①充满空气或者其他工艺气体（例如惰性气体），放入工艺部件和蒸镀材料；②开启机械泵，腔室压力降到一定程度（例如 0.5 mbar）后启动分子泵，将腔室抽至高真空状态；③当气压达到临界工艺气压（例如 6×10^{-4} Pa 或者 3×10^{-4} Pa）时，打开加热电源和薄膜控制仪，通过薄膜控制仪加热坩埚或者电阻舟，对蒸镀材料进行预热，使之临近蒸发状态[①]；④预热结束，材料开始蒸发，打开样品挡板，晶振探头可监测到蒸镀速率，当达到预设速率（预设精度阈值）后，打开基板挡板，开始蒸镀薄膜。蒸镀结束，关闭加热电源和分子泵，对真空腔室充气，取出样品。根据器件结构和实验需要可以连续镀膜，也可以多源共蒸发镀膜。

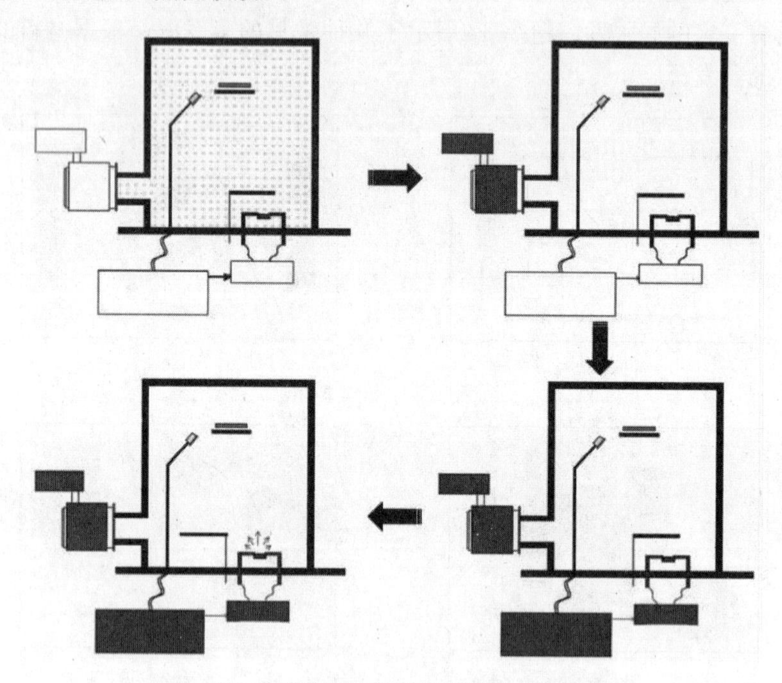

图 2.33　薄膜蒸镀开始前蒸镀腔室的四种状态

蒸镀基本过程分为四个阶段（如图 2.34 所示）：①预处理阶段：逐渐升高加热电源的功率或者温度，为材料沉积做准备；②稳定阶段：当材料蒸发速率达到设定沉积速率时，材料开始沉积；③沉积阶段：在沉积过程中，用 P/I/D 环调整维持蒸发速率所需的加热功率；④后处理阶段：当达到设定膜厚时，蒸发源进入后处理阶段。不同仪器蒸镀工艺参数的设置方式不同，但蒸镀基本过程是相似的。

① 每种材料预热的功率或者温度不同，蒸镀新材料时需要观察临界蒸发所需的功率或者温度。一般而言，粉末状的材料含水汽较多，需要缓慢升温，并适当延长预热时间（例如 5 min）。

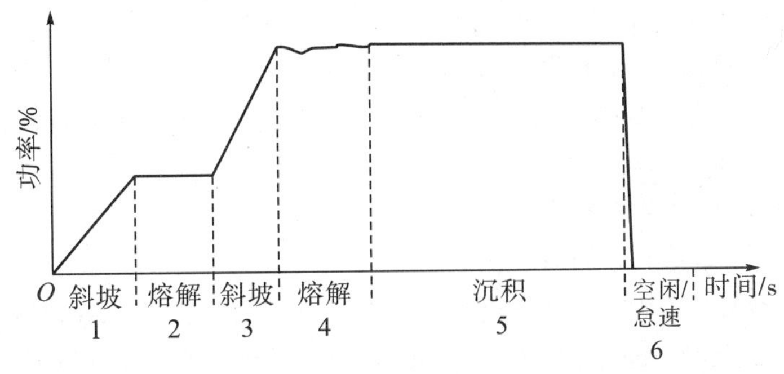

1、2—预处理阶段；3、4—稳定阶段；5—沉积阶段；6—后处理阶段

图2.34 蒸镀基本过程

2.4.2 高真空镀膜机的操作技能培训

本节将以Angstrom Engineering Inc.的高真空镀膜机为例开展针对性操作技能培训。其基本操作如下：

（1）打开工作气：工作气压力为0.6~0.7 MPa，确保气路畅通①。

（2）开启循环冷凝装置：打开Industrial Chiller仪器②的电源，启动Industrial Chiller仪器的冷凝机③。

（3）放入样品。

①打开薄膜控制仪主机。

②启动Aeres Startup软件，登录（Supervisor），向高真空镀膜机腔室内充气：System→Vacuum System→Vent→Start。打开基板挡板和各个样品挡板：System→Shutters。

③打开高真空镀膜机腔室门，在样品台上依次放入掩膜板、基板，在各个加热源内放入蒸镀材料④，放置完毕后关闭腔室门。

（4）编辑蒸镀工艺程序：蒸镀工艺程序的编辑比较复杂，将在“2.4.3 Aeres Startup软件的操作技能培训”中进行详细介绍，在此仅进行简单介绍。

①添加材料信息。

Setup→Materials：确保系统有蒸镀材料的信息。如果没有蒸镀材料的信息，则需要在此处添加蒸镀材料的名称、密度、Z-factor等基本信息。

②材料设置。

Main→Load Materials：根据蒸镀工艺和蒸镀材料实际添加情况指定各个加热源对应的活性材料。

---

① 当工作气压力过低或者气路不畅通时，高真空镀膜机将发出提示：“Air Pressure was not OK during a process”。

② 定期查看和更换冷凝装置内的冷凝液体（乙醇和水的混合液），当冷凝液体过少时需要及时添加。

③ 如果不打开Industrial Chiller仪器的冷凝机，Aeres Startup软件将提示“Waterflow is NOT OK”。

④ 添加材料时注意操作，避免药品交叉污染。

③程序设置（Recipe）。

Components→Sources：设置显示各个加热源镀膜过程中的曲线颜色、最大加热功率（Max Power）、功率控制（Rate Control）和温度控制（Temperature Control）[①] 等信息。

Startup：设置样品台旋转速率。

Process：添加蒸镀工艺的膜层。

Layer：在不同蒸镀膜层中添加蒸镀工艺步骤和蒸镀参数“Add Phase”。

每个活性层的蒸镀工艺包括 PreCondition、Stabilize、Deposit、PostCondition 四个步骤，如图 2.35（a）所示。

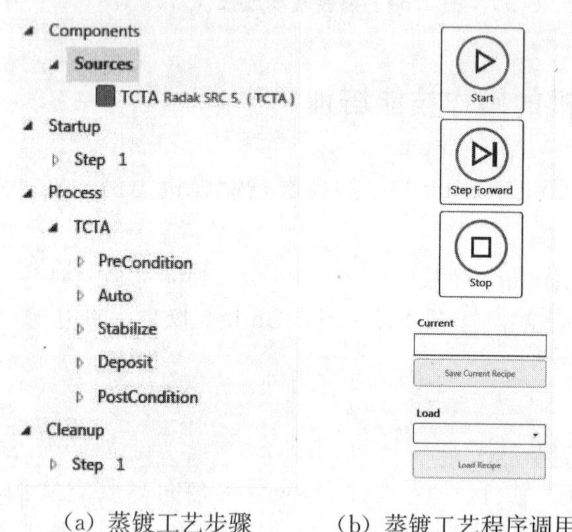

（a）蒸镀工艺步骤　　（b）蒸镀工艺程序调用界面

图 2.35　Main→Process 的蒸镀工艺步骤和蒸镀工艺程序调用界面

PreCondition：设置目标功率（Target Power）、升温速率（Ramp Rate）和保持时间（Soak Time）[②] 等相关参数。在 PreCondition 阶段达到目标功率，并持续一段时间（Soak Time）后进入下一个工艺步骤。

Stabilize：设置目标速率（Target Rate）、精度阈值（Accuracy Threshold%）[③]、保持时间（Hold Time）、逾时时间（Timeout）等相关参数。在逾时时间内达到目标速率，并在精度阈值范围内保持一定时间（Hold Time）后进入下一个工艺步骤。如果在逾时时间内速率达不到精度阈值范围，系统将发出警报，说明工艺参数设置不当（例如加热功率过小、逾时时间过短等）。

---

① 当材料的 Rate Control 和 Temperature Control 的 P/I/D 值不确定时，可以选择 Use Default Rate P/I/D 和 Use Default Temperature P/I/D。当蒸镀工艺中添加了“Auto Tune”步骤，镀膜完成后进行“Save Current Recipe”操作，系统将自动更新加热源的 Rate P/I/D 或者 Temperature P/I/D 值。保存更新参数的方法：Main→Process→Save Current Recipe。

② “Soak Time”是达到设定功率和温度后的保持时间，此时间不宜过长（例如 10 s）。

③ 如果精度阈值设置不当，在“Timeout”时间内无法达到设定速率，系统将发出警报，镀膜过程被终止。一般可以设置为 10%～15%。

Deposit：设置目标速率（Target Rate）、目标厚度（Target Thickness）、逾时时间（Timeout）等相关参数。以预设的速率开始沉积，直至达到预设厚度。

PostCondition：后处理过程，主要设置后处理过程中的目标功率（Target Power）和降温速率（Ramp Rate）。后处理过程的目标功率为 0。一般加热功率在两三秒内降为 0，如果功率下降太慢，将造成材料的浪费。

在“Layer”中添加“Auto Tune”或者“Auto Tune Rate”蒸镀工艺步骤。主要设置目标功率（Target Rate）、逾时时间（Timeout）①。此步骤的作用是在设定的逾时时间（Timeout）内，加热源自动调整并优化 P/I/D 值，使蒸镀材料达到目标速率。如果在逾时时间（Timeout）内未达到稳定的蒸镀速率，系统将发出警报。

④结束设置（Cleanup）。

此阶段设置真空腔室和样品台的状态。

蒸镀工艺程序编辑完毕后进行检测（Verify）操作，检查蒸镀工艺是否正确。确定蒸镀工艺程序准确无误后，保存（Save）蒸镀工艺程序。

（5）调用蒸镀工艺程序：蒸镀工艺程序的调用方法为 Main→Load（选择蒸镀工艺程序）→Load Recipe（调用蒸镀工艺程序）→Start（开始运行蒸镀工艺程序），其操作界面如图 2.35（b）所示。

（6）后处理：蒸镀工艺完成，加热源温度降至系统默认温度（<100℃）后，系统将依次关闭分子泵和机械泵。待分子泵停止后，自动启动真空腔室充气阀门，向腔室内进行充气操作。各个加热源温度降至室温，充气操作完成后，利用 Aeres Startup 软件依次打开各个样品挡板、基板挡板。最后，打开真空腔室门，依次取出工艺部件、掩膜板、各个加热源活性材料等。实验完毕后，依次关闭控制软件、电脑、冷凝机（压缩机、泵和电源）、工作气等。

2.4.3　Aeres Startup 软件的操作技能培训

Aeres Startup 软件分为 Main、System、Recipe、Setup、Alarm 五个导航面板。下面简单介绍各个部分的功能。

2.4.3.1　Main

Main 模块包括 Load Materials 和 Process 两个子模块。Main 操作界面的右侧可以调用蒸镀工艺程序、保存蒸镀工艺程序和控制蒸镀工艺进度，如图 2.36 所示。

① “Auto Tune”步骤中的“Timeout”参数需要设置长一些（例如 800 s），避免在逾时时间（Timeout）内未达到目标速率而发出警报。

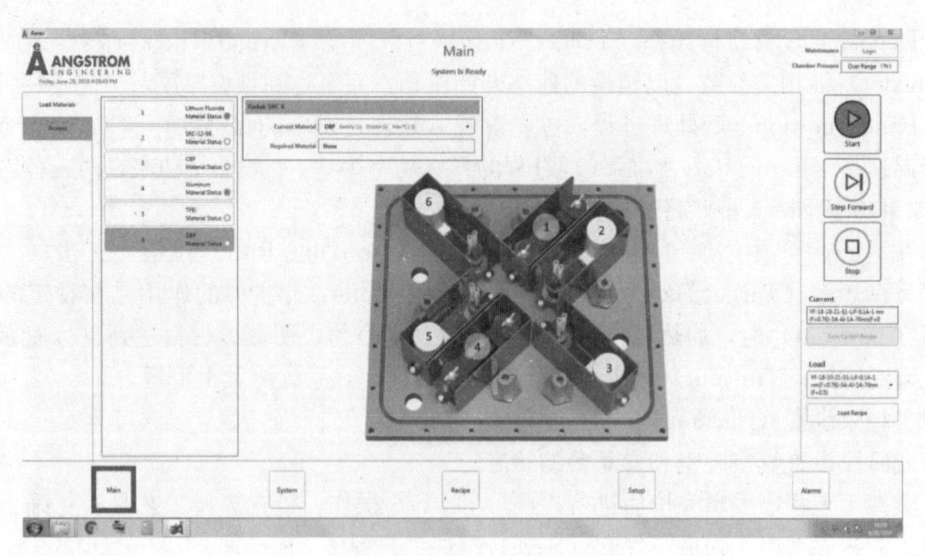

图 2.36　Main 操作界面

Start：启动调用的蒸镀工艺程序。

Step Forward：在 Manual 模式下可控制蒸镀工艺进入下一个步骤。

Stop：终止当前的蒸镀工艺程序。

Save Current Recipe：如果镀膜过程中对蒸镀工艺程序进行了必要的修改，此按钮将变为黄色（提示保存新的蒸镀工艺程序），镀膜完成后可保存修改的蒸镀工艺程序。

Load：选择蒸镀工艺程序。

Load Recipe：调用所选的蒸镀工艺程序。

（1）Load Materials：根据蒸镀工艺和蒸镀材料实际添加情况指定各个加热源对应的活性材料，操作界面如图 2.37 所示。

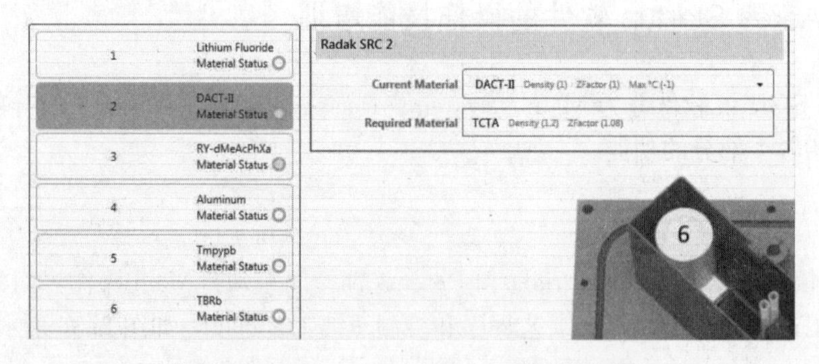

图 2.37　Main→Load Materials 的操作界面

（2）Process：实时查看整个镀膜过程的蒸镀速率、加热功率、温度和速率误差等参数的变化，查看镀膜过程中各个挡板和加热源的状态是否正确。镀膜过程中发生意外时，控制模式可以由“Automatic”更改为“Manual”，实现手动控制镀膜过程。操作界面如图 2.38 所示。

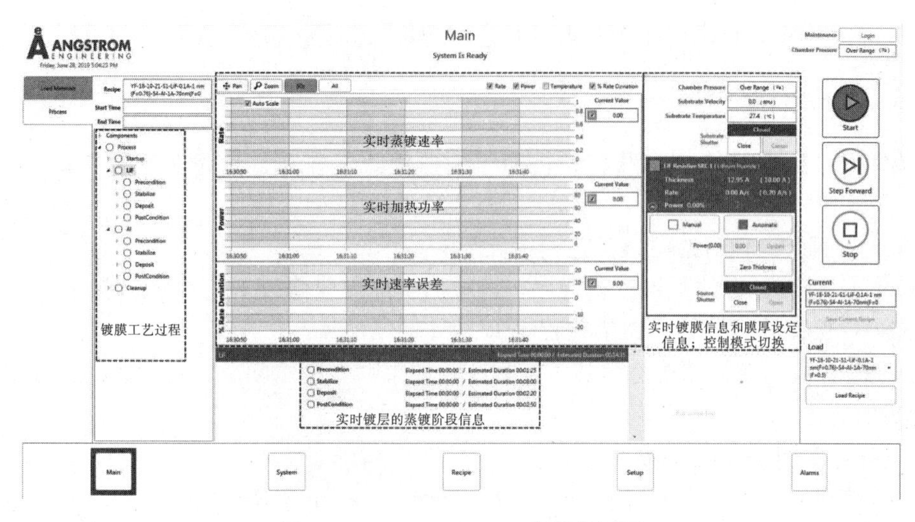

图 2.38 Main→Process 的操作界面

2.4.3.2 System

System 模块包括 Vacuum System、Sources、Sensors、Shutters、Overrides、Heaters 六个部分。

Vacuum System：显示真空泵的抽充状态。通过调节真空泵，实现对真空腔室进行充气和抽气的操作。

Sources：显示各个加热源对应的材料和实时状态（温度、速率等）。

Sensors：显示各个传感器的实时状态，例如传感器对应的加热源信息，实时蒸镀速率，实时监测膜厚、晶振片振动频率、使用寿命等信息。图 2.39 中加框标注部分表示传感器状态异常。造成此现象可能的原因包括：①晶振探头连线接触不良；②晶振片表面薄膜太厚；③晶振片被污染。此时需要检查晶振传感器连接线，并擦拭传感器表面或者更换晶振片。当晶振片振动频率恢复正常后，点击“Reset Error”，传感器恢复正常。

Name	Sensor Name	Rate	Thickness	Frequency	Remaining	High Hz	Low Hz	Max Utilization	Error	
Dopant Sensor 1 (SRC 1,2)	Sensor 1 (SRC 1-2)	0.00 A/s	0.00 A	-1.1 Hz	0.000%	6000000	4000000	20	True	Reset Error
Dopant Sensor 2 (SRC 3,4)	Sensor 3 (SRC 3-4)	0.00 A/s	0.00 A	0.0 Hz	0.000%	6000000	4000000	20	False	
Dopant Sensor 3 (SRC 9, 10)	Senor 5 (SRC 9-10)	0.00 A/s	0.00 A	0.0 Hz	0.000%	6000000	4000000	20	False	
Dopant Sensor 4 (SRC 11,12)	Senor 7 (SRC 11-12)	0.00 A/s	0.00 A	0.0 Hz	0.000%	6000000	4000000	20	False	
Host Sensor 1 (SRC 14, 1-4)	Sensor 2A (SRC 14 1-4)	0.00 A/s	0.00 A	-1.1 Hz	0.000%	6000000	4000000	20	True	Reset Error
	Sensor 2B (SRC 14 1-4)	0.00 A/s	0.00 A	-1.1 Hz	0.000%	6000000	4000000	20	True	Reset Error
Host Sensor 2 (SRC 5-8)	Sensor 4A (SRC 5-8)	0.00 A/s	0.00 A	0.0 Hz	0.000%	6000000	4000000	20	False	
	Sensor 4B (SRC 5-8)	0.00 A/s	0.00 A	0.0 Hz	0.000%	6000000	4000000	20	False	
Host Sensor 3 (SRC 9-13)	Sensor 6A (SRC 9-13)	0.00 A/s	0.00 A	0.0 Hz	0.000%	6000000	4000000	20	False	
	Sensor 6B (SRC 9-13)	0.00 A/s	0.00 A	0.0 Hz	0.000%	6000000	4000000	20	False	

图 2.39 Sensors 操作界面示例

Shutters：实时显示各个挡板的状态。登录后，可根据实验需要更改各挡板的状态（打开或者关闭）。

Overrides：实时显示各个真空泵的状态和腔室压力。

Heaters：实时显示各个加热源的状态（温度）。

2.4.3.3 Recipe

蒸镀前，根据器件结构和材料性质编辑蒸镀工艺程序。此部分包括 New、Open、Save、Verify、Close 功能。

New：建立一种新的蒸镀工艺程序。

Open：打开已有的蒸镀工艺程序，可根据实际需要修改工艺参数。

Save：保存编辑好的蒸镀工艺程序。

Verify：检测编辑完毕的蒸镀工艺程序，如果存在逻辑问题，可对相应的工艺步骤进行修改。

Close：关闭当前的蒸镀工艺程序。

一个完整的蒸镀工艺程序包括 Components、Startup、Process、Cleanup 等步骤。

（1）Components。

Sources：命名指定加热源、活性材料、蒸镀过程中各个物理量（蒸镀速率、温度、速率误差等）变化曲线的颜色、最大加热功率、P/I/D 值和传感器的 Tooling Factor 等信息，操作界面如图 2.40 所示。

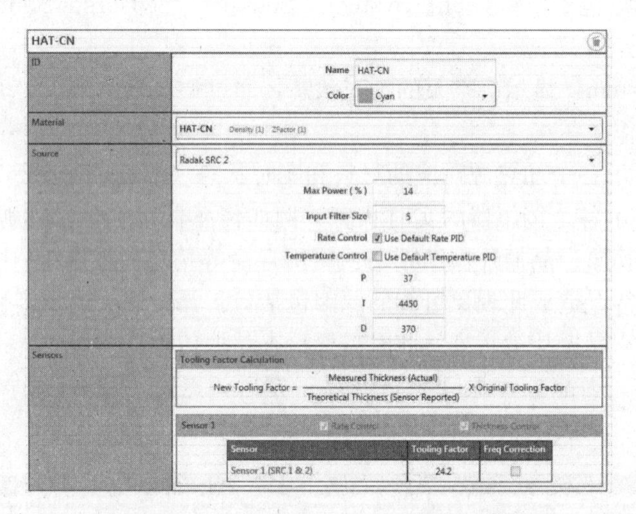

图 2.40 Recipe→Components 的操作界面

New Tooling Factor 是通过测量膜厚（Measured Thickness）、理论膜厚（Theoretical Thickness）和原始薄膜因子（Original Tooling Factor）进行计算得到的，计算公式如图 2.40 所示。测量膜厚是指在 Original Tooling Factor 条件下沉积得到薄膜的实际厚度。利用台阶仪可以测定薄膜的实际厚度。理论膜厚是蒸镀工艺步骤中设置的目标膜厚（Target Thickness）。

（2）Startup。

启动蒸镀工艺程序，此阶段样品台旋转，设置转速，参数设置界面如图 2.41 所示。

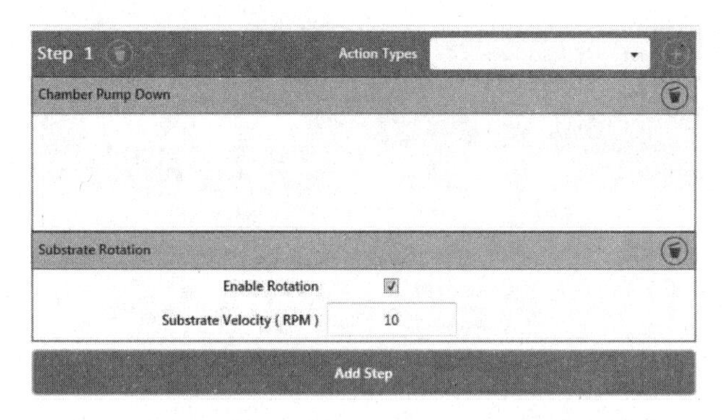

图 2.41　Recipe→Startup 的操作界面

（3）Process。

每个膜层（Layers）的蒸镀过程包括 PreCondition、Stabilize、Deposit、PostCondition 四个阶段。各个蒸镀阶段的参数设置和作用不同，较为理想的加热功率和蒸镀速率的变化曲线如图 2.42 所示。为了防止各加热源交叉污染，可在 Process 中增设降温步骤（Cooling）或者适当延长后处理过程的保持时间（Soak Time）。当加热源降温至无蒸镀速率后，启动下一层的蒸镀工艺步骤。

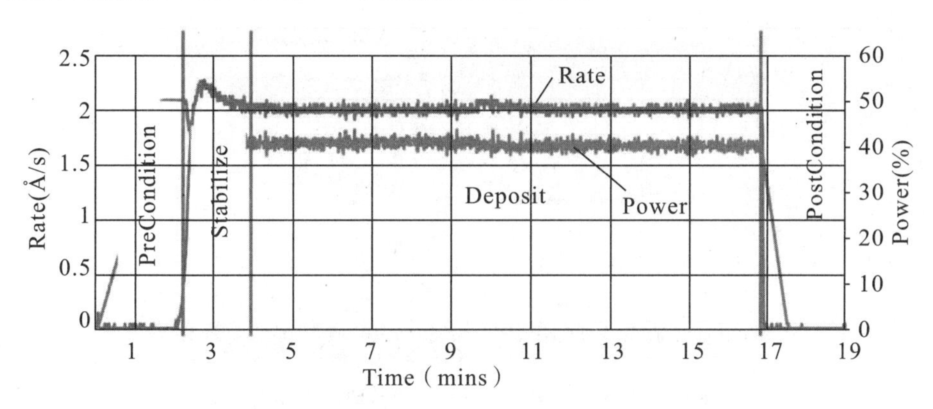

图 2.42　蒸镀工艺程序各个蒸镀阶段对应的蒸镀速率和加热功率

①PreCondition：加热源预处理阶段。此阶段预加热材料，金属加热源与有机加热源的参数设置有所不同。一般情况下，金属加热源采用功率控制模式，有机加热源采用温度控制模式。

金属加热源：蒸镀金属或无机材料时一般采用功率控制模式调控蒸镀速率，参数设置界面如图 2.43 所示。在 PreCondition 阶段关闭基板挡板，打开各个样品挡板。设置加热源材料（Source）、目标功率（Target Power）、功率增长速率（Ramp Rate）、保持时间（Soak Time[①]）等信息。保持时间无须太长，因为在目标功率下，如果功率设置不当，材料蒸镀速率上升太快，保持时间太长会造成蒸镀材料的浪费。

① Soak Time：一般用于斜坡前置条件后，是指设定功率或者温度的保持时间。

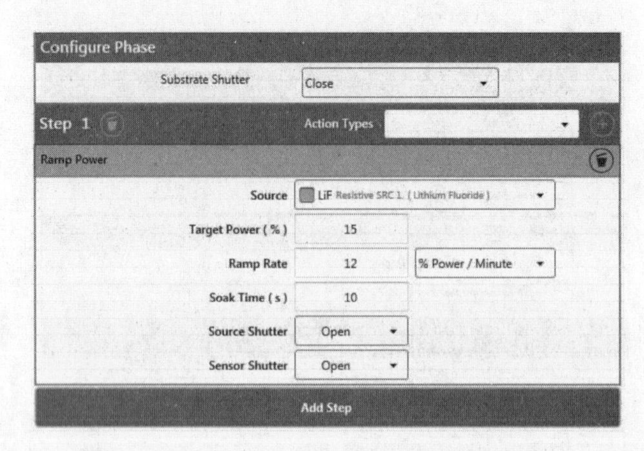

图 2.43　Recipe→Process→PreCondition 的参数设置界面（功率控制）

有机加热源：蒸镀有机材料时一般采用温度控制模式调控蒸镀速率，参数设置界面如图 2.44 所示。在 PreCondition 阶段关闭基板挡板，打开各个加热源挡板。与金属加热源类似，PreCondition 阶段的保持时间设置比较短。

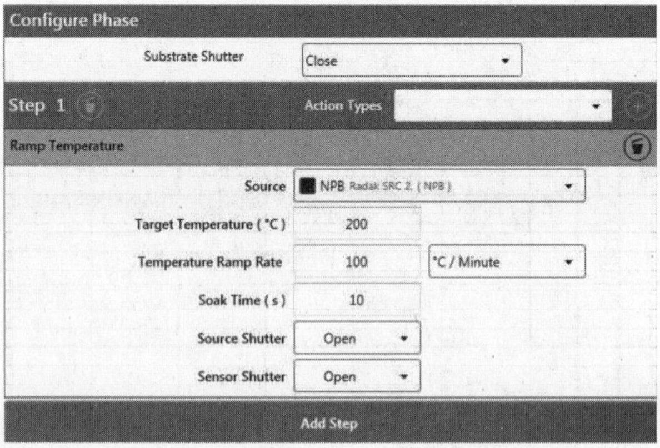

图 2.44　Recipe→Process→PreCondition 的参数设置界面（温度控制）

Source：设置加热源材料信息。

Target Temperature：设置目标温度。

Soak Time：目标功率保持时间。稳定后，自动进入下一个工艺步骤。

②Stabilize：有机加热源和金属加热源的 Stabilize 参数设置界面相同，在稳定阶段基板挡板处于关闭状态，加热源和传感器的挡板处于打开状态，设置目标蒸镀速率（Target Rate）、精度阈值（Accuracy Threshold）、维持时间（Hold Time[①]）、逾时时间（Timeout）等参数。正常情况下，在逾时时间内达到目标速率，如果未达到目标速率，蒸镀过程将被终止，系统发出警报。导致此现象的原因可能是加热功率太小或者设定的时间太短。Stabilize 工艺步骤的参数设置界面如图 2.45 所示。

---

① Hold Time：一般用于精度阈值前置条件后，是温度或者速率在设定阈值范围内的保持时间。

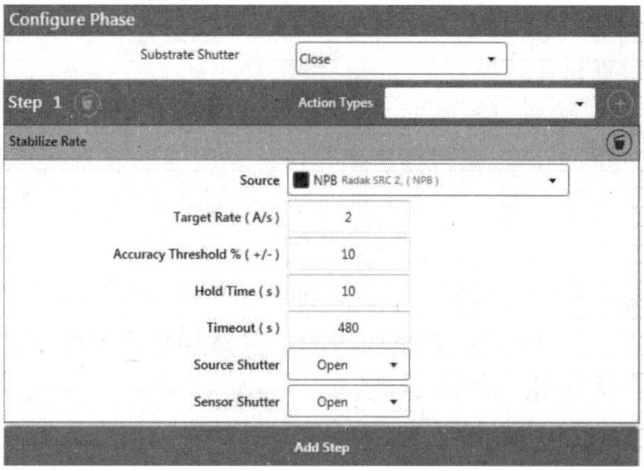

图 2.45　Recipe→Process→Stabilize 的参数设置界面

Source：设置加热源材料信息。

Target Rate：设置目标速率。

Accuracy Threshold：设定蒸镀速率的精度阈值范围。该值不能太小，如果太小，在逾时时间内蒸镀速率很难达到精度阈值设定范围。

Hold Time：速率保持在设定精度阈值范围内的时间。稳定后，自动进入下一个工艺步骤。

Timeout：在逾时时间内，蒸镀速率如果一直未达到精度阈值设定范围，蒸镀过程将被终止，系统发出警报。

③Deposit：有机加热源和金属加热源的 Deposit 参数设置界面一样，如图 2.46 所示。在沉积阶段，基板挡板、样品挡板和传感器挡板均处于打开状态，分别设置目标速率（Target Rate）、目标厚度（Target Thickness）和逾时时间（Timeout）等参数。按照预设的目标速率进入沉积阶段。当蒸镀材料不足时，速率突然降低，在逾时时间内无法达到目标厚度，蒸镀过程将被终止，系统发出警报。

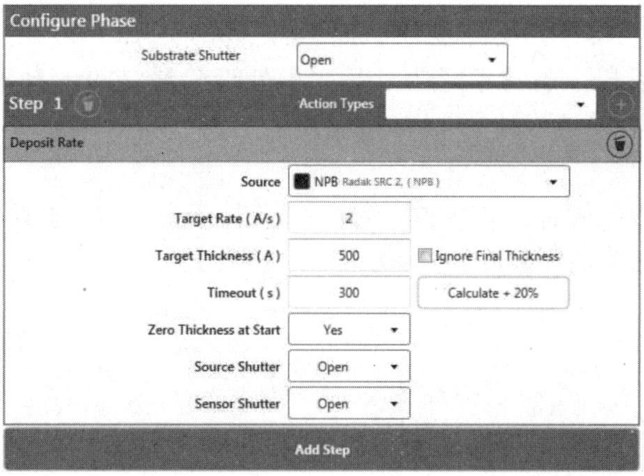

图 2.46　Recipe→Process→Deposit 的参数设置界面

Source：设置加热源材料信息。

Target Rate：设置目标速率。

Target Thickness：设置目标厚度。

Timeout：逾时时间可以根据目标速率和目标厚度由系统直接计算得到，此时间比理论时间增加 20%。为了避免蒸镀速率浮动导致镀膜时间延长，设定的逾时时间可以高于理论计算时间。

Zero Thickness at Start：选择“Yes”，即开始镀膜时薄膜厚度清零。

④PostCondition：当蒸镀进行到此阶段时，蒸镀操作已经结束。此阶段基板挡板、样品挡板和传感器挡板关闭。设定目标功率（Target Power）和功率减小速率（Ramp Rate），此步骤的参数设置界面如图 2.47 所示。

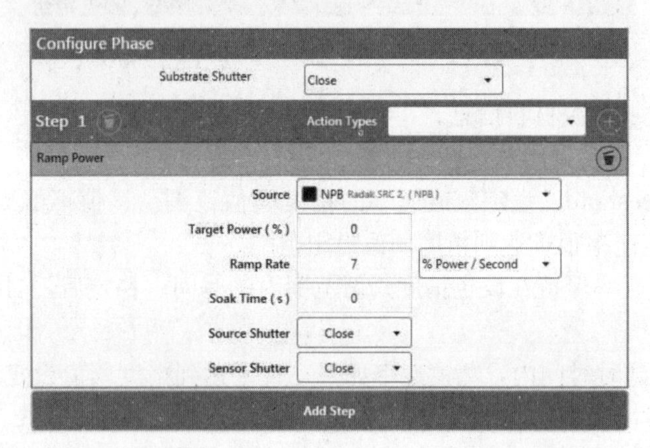

图 2.47　Recipe→Process→PostCondition 的参数设置界面

Source：设置加热源材料信息。

Target Power：设置目标功率，后处理阶段目标功率为 0。

Ramp Rate：设置功率减小速率。一般而言，在数秒内使加热功率降为 0。

Soak Time：功率为 0 的状态的保持时间。可以延长保持时间，在此时间段内加热源逐渐冷却，蒸镀速率降为 0，避免各个加热源之间的交叉污染。当保持时间设定合理时，无须增设降温阶段。当功率降为 0 后，后处理阶段结束，自动进入下一个工艺步骤。

(4) Cleanup。

当蒸镀工艺步骤完成后，蒸镀工艺程序进入 Cleanup 阶段。此阶段设置真空腔室和样品台的状态。此步骤的参数设置界面如图 2.48 所示。

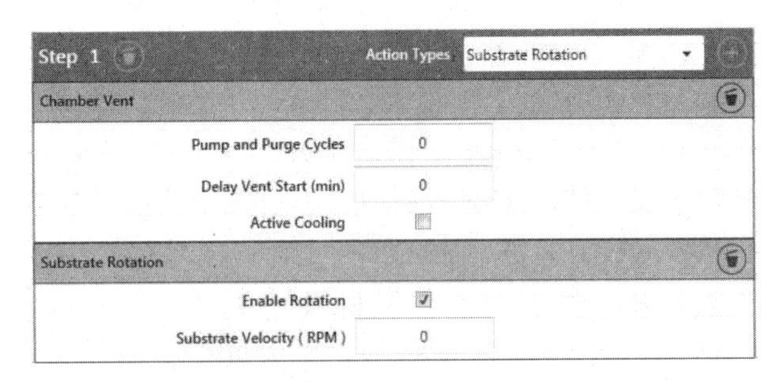

图 2.48　Recipe→Cleanup 的参数设置界面

当不了解材料的蒸镀条件时，可以在蒸镀工艺步骤（Recipe→Process）中增设“Auto Tune”或者“Auto Tune Rate”自动调节工艺步骤。“Auto Tune”工艺步骤包括“Rate”和“Temperature”两种调节模式。如图 2.49（a）所示，“Auto Tune”工艺步骤既可以调节目标速率，也可以调节目标温度，从而优化加热源的 Rate P/I/D 值或者 Temperature P/I/D 值。“Auto Tune Rate”工艺步骤只能通过自动调节目标速率优化加热源的 Rate P/I/D 值，参数设置界面如图 2.49（b）所示。蒸镀工艺步骤完成后，系统提供加热源自动更新的 Rate P/I/D 值或者 Temperature P/I/D 值。通过“Save Current Recipe”可保存系统优化的 P/I/D 值。其基本操作为 Main→Process→Save Current Recipe。

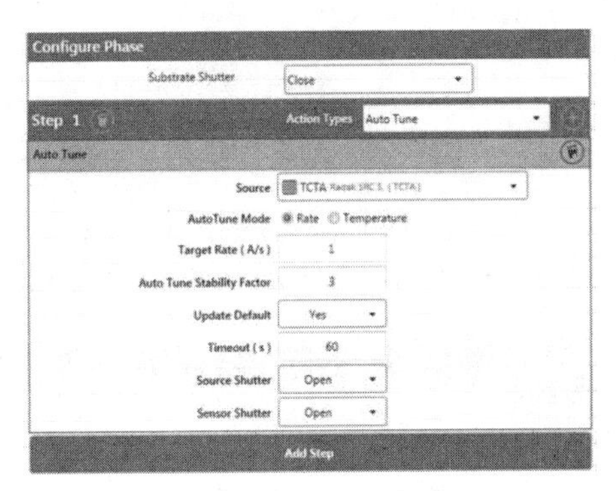

（a）Auto Tune 的参数设置界面

（b）Auto Tune Rate 的参数设置界面

图 2.49　Auto 工艺步骤的参数设置界面

2.4.3.4 Setup

Setup 模块包含 Setpoint 和 Materials 两个部分。Setpoint 主要设置仪器的运行参数（压力、时间等）。一般情况下使用系统默认值，不设置相关运行参数，各项参数的设置情况如图 2.50 所示。Materials 主要添加、修改或者删除材料的基本信息，操作界面如图 2.51 所示。当需要蒸镀新材料时，系统材料库中没有材料的基本信息，需要在 Materials 处添加材料的名称、密度、Z-factor 等信息，添加或者修改完毕后，点击“Update”，将材料信息上传至系统材料库。

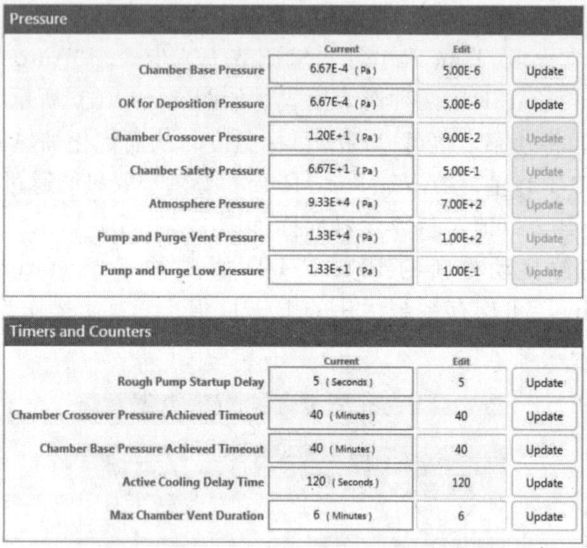

Pressure

	Current	Edit	
Chamber Base Pressure	6.67E-4 (Pa)	5.00E-6	Update
OK for Deposition Pressure	6.67E-4 (Pa)	5.00E-6	Update
Chamber Crossover Pressure	1.20E+1 (Pa)	9.00E-2	Update
Chamber Safety Pressure	6.67E+1 (Pa)	5.00E-1	Update
Atmosphere Pressure	9.33E+4 (Pa)	7.00E+2	Update
Pump and Purge Vent Pressure	1.33E+4 (Pa)	1.00E+2	Update
Pump and Purge Low Pressure	1.33E+1 (Pa)	1.00E-1	Update

Timers and Counters

	Current	Edit	
Rough Pump Startup Delay	5 (Seconds)	5	Update
Chamber Crossover Pressure Achieved Timeout	40 (Minutes)	40	Update
Chamber Base Pressure Achieved Timeout	40 (Minutes)	40	Update
Active Cooling Delay Time	120 (Seconds)	120	Update
Max Chamber Vent Duration	6 (Minutes)	6	Update

图 2.50 Setup→Setpoint 的参数设置界面

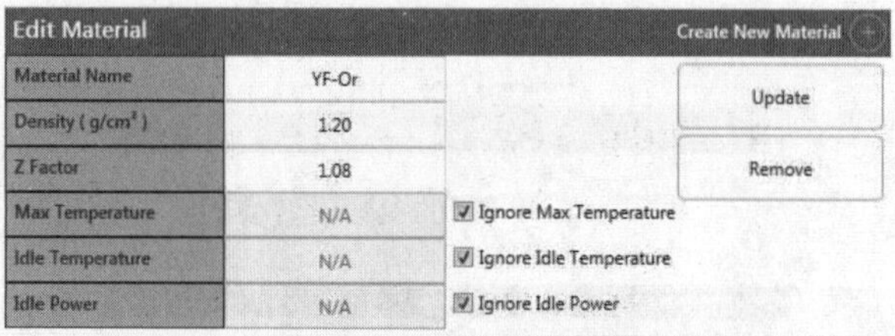

Edit Material　　Create New Material

Material Name	YF-Or	
Density (g/cm³)	1.20	Update
Z Factor	1.08	Remove
Max Temperature	N/A	☑ Ignore Max Temperature
Idle Temperature	N/A	☑ Ignore Idle Temperature
Idle Power	N/A	☑ Ignore Idle Power

图 2.51 Setup→Materials 的参数设置界面

2.4.3.5 Alarm

当仪器运行过程中出现不正常的现象或者有不规范操作时，系统将发出提示警报。在 Alarm 界面查看提示警报内容。如果需要继续蒸镀操作，必须先解决问题和解除警报（Acknowledge）。

2.4.4　薄膜控制仪的操作技能培训

鉴于蒸镀过程中蒸镀速率和薄膜厚度监测的重要性，本节将以型号为 SQC-310C 的薄膜控制仪为例开展薄膜控制仪的操作技能培训。SQC-310C 薄膜控制仪的控制面板包括显示面板、软键、控制旋钮、遥控插口，如图 2.52 所示。主屏上的三个主菜单控制薄膜控制仪的运行，其中包括选择蒸镀工艺程序和设置蒸镀工艺参数。

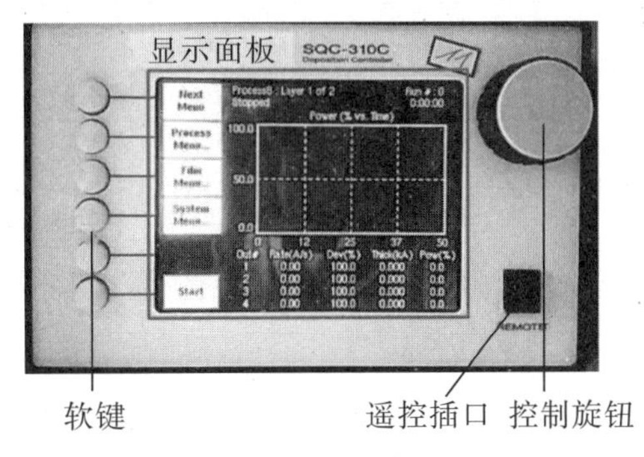

图 2.52　SQC-310C 薄膜控制仪的控制面板

软键：软键与每个菜单结合产生次级菜单，通过软键可以选择和设置蒸镀工艺参数。

控制旋钮：用于调整数值和选择菜单项。按压控制旋钮可以选择菜单项和存储当前的设定值，旋转控制旋钮可以修改蒸镀工艺参数和选择参数设置项。

遥控插口：用于手动遥控器的插口。

2.4.4.1　主菜单

SQC-310C 薄膜控制仪的系统操作界面包含三个主菜单，各主菜单包含的功能如图 2.53 所示。主菜单 1 主要用来控制蒸镀过程和快速编辑蒸镀工艺参数。例如，通过“Quick Edit”子菜单可以快速编辑蒸镀速率、最终膜厚、P/I/D 值等蒸镀工艺参数。主菜单 2 的主要功能包括蒸镀过程中各项参数（速率、偏移率和功率）之间的图形切换、传感器信息和膜层信息等操作。主菜单 3 主要用于创建或编辑膜系参数、蒸镀工艺程序和系统参数等。其中，“Process Menu”是创建或编辑蒸镀过程，“Film Menu”是创建或编辑蒸镀材料的性能、蒸镀条件等。主菜单 3 在蒸镀操作停止后才出现，具有创建或者编辑一种新蒸镀工艺程序的功能。

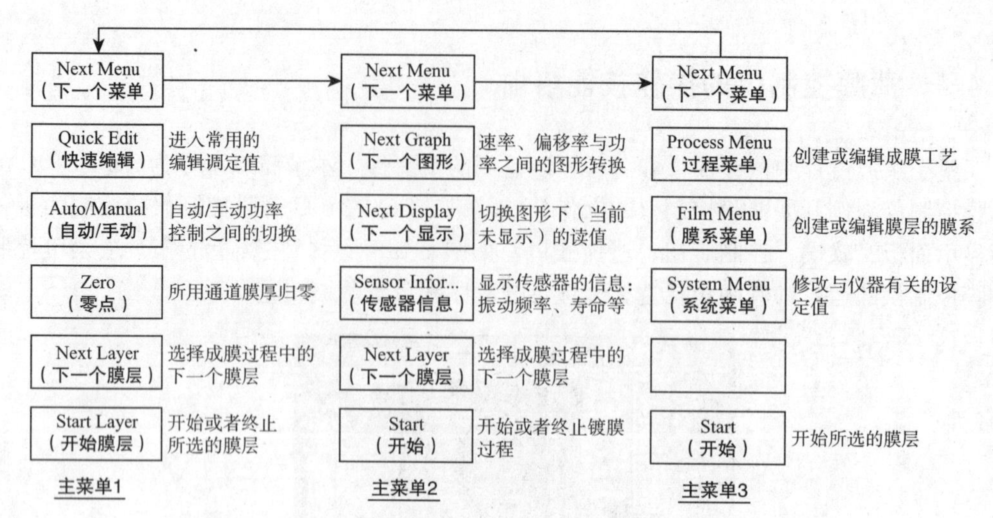

图 2.53　SQC-310C 薄膜控制仪系统操作界面的主菜单及其功能

2.4.4.2　创建膜系

主菜单 3 可以建立和定义膜系，编辑膜系相关的蒸镀工艺参数和性能参数。每种膜系可应用于多种膜层，当膜系参数改变时，对应的膜层参数将随之改变。创建与编辑膜系的方法：主菜单 3→Film Menu→Edit 进入膜系编辑界面。主要编辑蒸镀过程的 P/I/D 值、Film Tooling、Pocket、指定沉积材料（Material、Density、Z-factor）等工艺参数，如图 2.54 编辑界面中虚线框标注部分。通过此编辑界面可进入 Film Conds 和 Deposit Controls 的编辑界面。

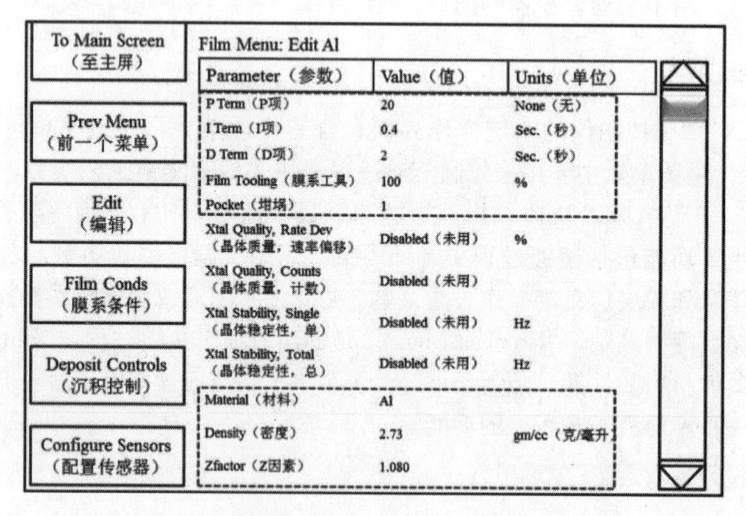

图 2.54　主菜单 3→Film Menu→Edit 的编辑界面

P/I/D（比例-积分-微分）环调整是自动控制系统中一种常用的反馈机制，其根据系统误差，利用比例、积分、微分计算出控制量来对自动控制系统进行控制。在蒸镀过程中，P/I/D 环调整维持蒸镀速率所需的蒸发源功率[①]。P（正比项）：比例控制是控制环的百分比增益，正比项设定控制环的增益，高增益产生更多响应环；I（积分项）：在积分控制中，控制器的输出与输入误差信号的积分成正比关系。积分项对系统误差进行积分，随着时间的增加，积分项会增大；D（微分项）：微分控制可预测误差变化的趋势，微分项可导致环响应快速变更，加快响应速率的变化，因此用 0 或者一个很小的数值可避免振荡。Film Tooling（膜系工具）参数用于调整传感器与被沉积基板之间的沉积速率测量的差异和校正材料实际膜厚与理论膜厚之间的差异。Film Tooling（膜系工具）参数可由实际膜厚、设置膜厚（理论膜厚）和 Original Film Tooling 计算得到，计算公式如下：

$$\text{Film Tooling}=\frac{\text{实际膜厚}}{\text{理论膜厚}}\times\text{Original Film Tooling} \tag{2-1}$$

式中：实际膜厚是在 Original Film Tooling 条件下沉积得到膜的实际厚度，利用台阶仪可以测定；理论膜厚是仪器参数设置的最终膜厚。

在 Film Conds 编辑界面主要设置蒸镀工艺程序的斜坡功率、空闲/怠速功率及对应的时间（斜坡时间、熔解时间），如图 2.55 所示。

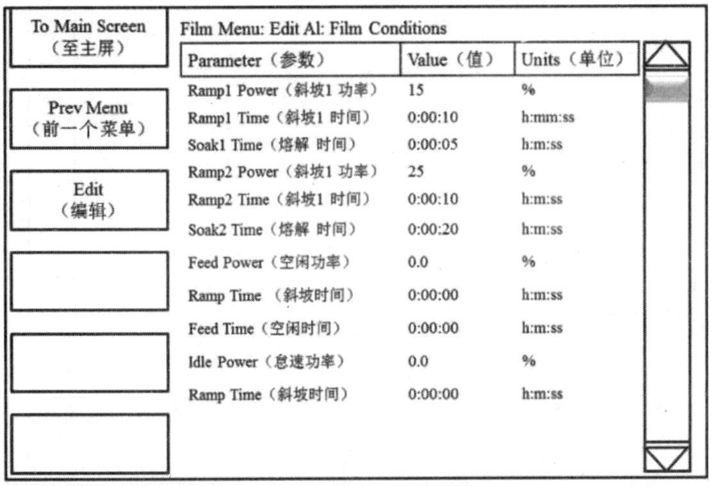

To Main Screen（至主屏）
Prev Menu（前一个菜单）
Edit（编辑）

Film Menu: Edit Al: Film Conditions

Parameter（参数）	Value（值）	Units（单位）
Ramp1 Power（斜坡1 功率）	15	%
Ramp1 Time（斜坡1 时间）	0:00:10	h:mm:ss
Soak1 Time（熔解 时间）	0:00:05	h:m:ss
Ramp2 Power（斜坡1 功率）	25	%
Ramp2 Time（斜坡1 时间）	0:00:10	h:m:ss
Soak2 Time（熔解 时间）	0:00:20	h:m:ss
Feed Power（空闲功率）	0.0	%
Ramp Time（斜坡时间）	0:00:00	h:m:ss
Feed Time（空闲时间）	0:00:00	h:m:ss
Idle Power（怠速功率）	0.0	%
Ramp Time（斜坡时间）	0:00:00	h:m:ss

图 2.55　主菜单 3→Film Menu→Edit→Film Conds 的编辑界面

蒸镀工艺程序中包含两个斜坡过程和两个熔解过程。常见蒸镀工艺过程如图 2.56 所示。

① 根据经验设置材料的 P/I/D 值。在镀膜过程中，如果蒸镀速率不稳定或者浮动太大，可通过 Quickly Edit 界面适当地调节蒸镀工艺程序的 P/I/D 值。蒸镀工艺完成后，修订的 P/I/D 值将自动保存到相应的膜系。

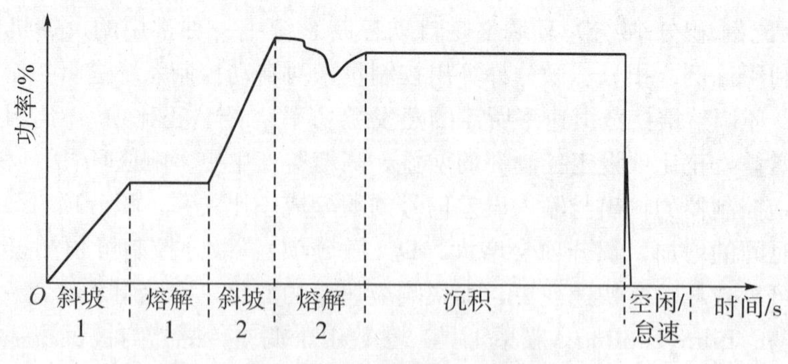

图 2.56　常见蒸镀工艺过程

Ramp1 和 Soak 1：斜坡功率“Ramp1”，到达设置功率 1 时，材料逐渐接近于熔融状态。

Ramp2 和 Soak 2：斜坡功率“Ramp2”，到达设置功率 2 时，材料慢慢熔解并慢慢蒸发或者升华，产生蒸镀速率。

点击“Deposit Controls”，进入 Deposit Controls 的编辑界面，如图 2.57 所示。

To Main Screen（至主屏）

Prev Menu（前一个菜单）

Edit（编辑）

Film Menu: Edit Al: Deposit Controls

Parameter（参数）	Value（值）	Units（单位）
Shutter Delay（挡板延迟）	0:30:00	h:mm:ss
Capture（捕获精度）	10	%
Control Delay（控制延迟）	0:00:00	h:mm:ss
Control Error（控制误差）	Ignore	
Rate Sampling（速率取样）	Continuous	

图 2.57　主菜单 3→Film Menu→Edit→Deposit Controls 的编辑界面

在 Deposit Controls 的编辑界面主要设置 Shutter Delay、Capture 等沉积控制参数。Shutter Delay 是指延迟打开挡板时间。当蒸镀速率达到预设要求后，蒸镀工艺进入沉积阶段。挡板延迟时间是达到捕获精度的最大时间量。Capture 是指蒸镀速率的偏移率，称为捕获精度或者精度阈值。当采用共蒸镀膜时，需要等待全部膜系的蒸发速率达到设置的捕获精度后才会进入沉积阶段。

2.4.4.3　创建蒸镀工艺程序

通过主菜单 3→Process Menu 可以创建或者编辑一个蒸镀工艺程序，编辑界面如图 2.58 所示。在此菜单中可以编辑、删除和复制已有的蒸镀工艺程序，或者创建新的蒸镀工艺程序，并可编辑新的蒸镀工艺程序的名称（Edit Name）。

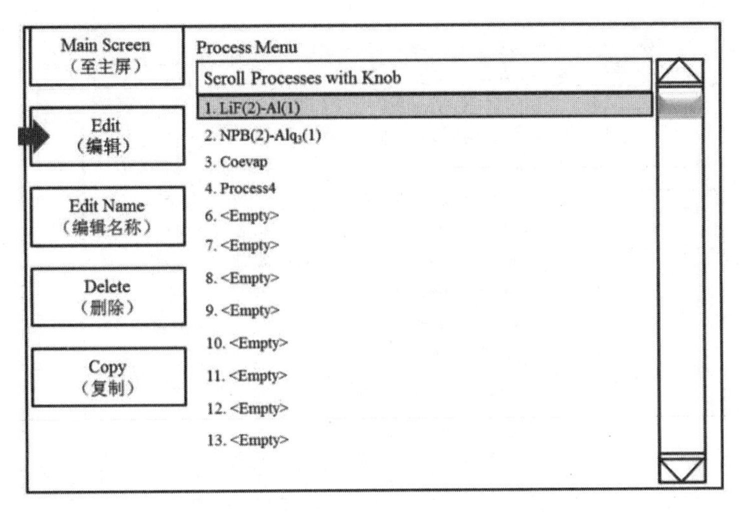

图 2.58　主菜单 3→Process Menu 的编辑界面

选中需要编辑的蒸镀工艺程序，点击“Edit”，进入蒸镀工艺程序的编辑界面，如图 2.59 所示。在此界面可以编辑蒸镀工艺程序的各个膜层，也可以在现有的蒸镀工艺程序中插入新的膜层（Insert New），复制或者删除膜层。插入新的膜层时需要注意，新的膜层将添加至所选膜层的上方，所选膜层将向下移动。

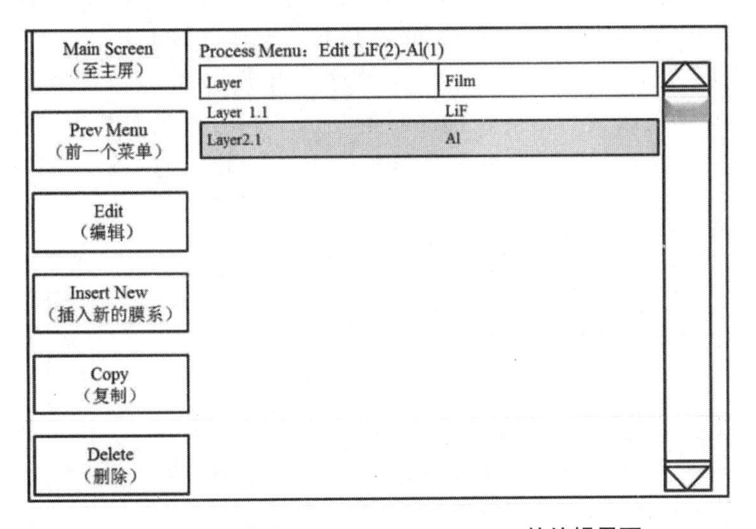

图 2.59　主菜单 3→Process Menu→Edit 的编辑界面

选中需要编辑的膜层，点击“Edit”，即可对相应的膜层进行编辑，编辑界面如图 2.60 所示。在此界面内可以设置初始速率、最终膜厚、开始模式、传感器信息、加热源信息、最大功率、最小功率等蒸镀工艺参数。

To Main Screen（至主屏）

Prev Menu（前一个菜单）

Edit（编辑）

Process Menu：Edit LiF(2)-Al(1): Edit Layer2.1

Parameter（参数）	Value（值）	Units（单位）
Init Rate（初始速率）	1	Å/s
Fnl Thk（最终膜厚）	0.7	kÅ
Time Setpoint（时间设点）	0:00:00	h:mm:ss
Thickness Setpoint（膜厚限值）	0.0000	kÅ
Start Mode（开始模式）	Auto	Auto/Man.
Sensor1（传感器1）	Off	On/Off
Sensor2（传感器2）	On	On/Off
Sensor3（传感器3）	Off	On/Off
Source（加热源）	Src1	Src1
Max. Power（最大功率）	40	%
Min. Power（最小功率）	0	%
Power Alarm Delay（功率报警延迟）	99	Sec.

图 2.60　主菜单 3→Process Menu→Edit→Edit 的编辑界面

在现有膜层添加新膜层或者共镀膜层时，选中现有膜层的下一个膜层，点击“Insert New”，进入如图 2.61 所示的编辑界面。此界面选择需要插入的膜系，可以选择插入常规膜层（Insert Normal），也可以选择插入共镀膜层（Insert Codeposition）。当选择插入常规膜层（Insert Normal）时，所选膜层形成一个新的镀层。当选择插入共镀膜层（Insert Codeposition）时，所选膜层与之形成共镀工艺层，并标记为共镀膜层。建立的膜系可以应用于不同的蒸镀工艺程序。当膜系中的参数改变时，调用此膜系的蒸镀工艺参数随之改变。需要特别注意的是，不同的加热源和传感器对应膜系的 Film Tooling 和 Pocket 不同。在建立膜系时，Film Tooling、Pocket 等参数信息必须与各个加热源相对应。

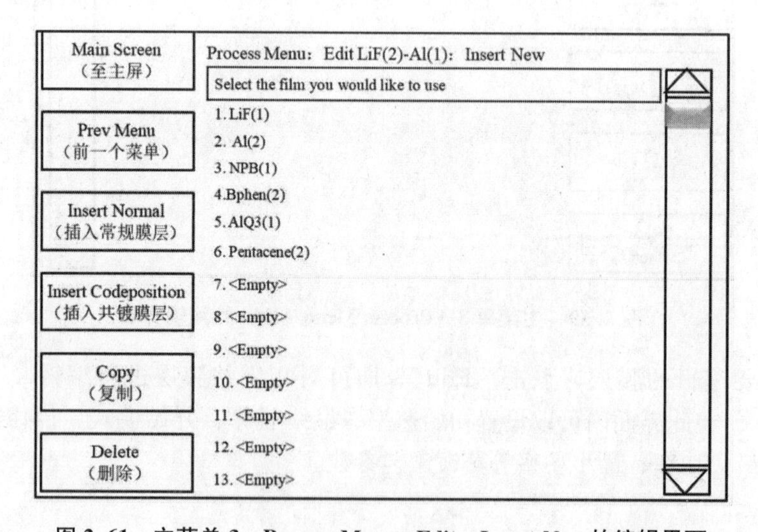

图 2.61　主菜单 3→Process Menu→Edit→Insert New 的编辑界面

通过主菜单 1→Quick Edit 可快速编辑或者修改蒸镀工艺参数。快速编辑（Quick Edit）界面如图 2.62 所示。通过此编辑界面可修改初始速率、最终膜厚、P/I/D 值、最大功率、材料相关信息、Film Tooling 等工艺参数。蒸镀工艺程序正在执行时，可通过 Quick Edit 界面根据实际需要快速修改蒸镀工艺参数，高真空镀膜系统将执行新的蒸镀工艺参数，完成蒸镀过程。

To Main（至主屏）

Edit（编辑）

Quick Edit: Al

Parameter（参数）	Value（值）	Units（单位）
Init Rate（初始速率）	1	Å/s
Fnl Thk（最终膜厚）	70	kÅ
P Term（P项）	20	None（无）
I Term（I项）	10	Sec.（秒）
D Term（D项）	2	Sec.（秒）
Max. Power（最大功率）	40	%
Slew Rate（回旋速率）	99.9	%/sec
Material（材料）	Al	
Density（密度）	2.70	gm/cc
Zfactor（Z因素）	1.080	
Film Tooling（膜厚工具）	100	%
Rate Filter Alpha		
Ramp1（斜坡1）	Disabled（停用）	En/Dis
Ramp2（斜坡2）	Disabled（停用）	En/Dis

图 2.62　主菜单 1→Quick Edit 的编辑界面

薄膜控制仪的使用问题主要来源于晶振片缺陷和膜系参数设置不当。薄膜控制仪使用过程中的常见问题如下：

（1）传感器无振动频率或者振动频率不稳定。针对此故障，首先关闭高真空镀膜机的加热源，排除噪声源和 P/I/D 值参数设置的原因。其次，检查晶振传感器各连接点连接是否正常，排除传感器连接线松动的原因。再次，更换石英晶振片。晶振片在完全故障前可能出现不稳定的频率漂移或者非预期故障。最后，检查薄膜控制仪系统菜单的参数设置（模拟模式为 OFF），晶振片的最高/最低频率设置（一般而言，最高频率为 6.0 MHz，最低频率为 5.0 MHz）。

（2）晶振片的使用寿命为 0（无振动频率）或者振动频率不稳定。检查传感器各连接点连接是否正常，确保薄膜控制仪正常接地，确保晶振片安装良好。

（3）晶振片的寿命过短（低于 50%）。更换晶振片，确保新更换的晶振片的寿命接近 100%。如果新更换的晶振片的寿命仍然未接近 100%，说明薄膜控制仪的晶振系统参数设置不当，此时需要重新设置晶振片的最高/最低频率。

（4）蒸镀速率误差较大或者实际膜厚与设定值相差大。造成此现象的可能原因：①膜系工具（Film Tooling 或者 Tooling Factor）设置不当。通过调整晶振探头的位置和高度，使 Film Tooling 接近 100%。此外，通过计算得到 New Film Tooling，在主菜单 3→Film Menu 的编辑界面或者主菜单 1→Quick Edit 的编辑界面修改 Film Tooling 值，减小理论膜厚与实际膜厚之间的差异。②材料密度和 Z-factor 设置不当。材料密度将影响传感器检测蒸镀速率和膜厚的结果。Z-factor 为校正涂覆晶振片的应力。当晶振片寿命低于 60%时，需要调整 Z-factor 或者更换晶振片。

思考题

（1）简述高真空镀膜机的基本结构和工作原理。

（2）晶振片的振动频率变化较大且蒸镀速率变化较大，造成此现象的可能原因有哪些？如何排查并消除此故障？

（3）采用高真空镀膜机蒸镀薄膜层时是否可以得到厚度均匀的薄膜层？为何会出现此现象？

（4）当两个加热源共蒸时出现“晶振交联错误”的警报，产生此警报的可能原因有哪些？如何排查并消除此故障？

（5）当利用双源坩埚进行蒸镀操作时，如何设置材料 Film Menu 的各项参数？以 TE1（Pocket1）和 TE2（Pocket2）共用一个加热源（Source1）为例说明参数设置方法。

（6）在使用高真空镀膜机蒸镀过程中，真空腔室的压力只能达到某一较低的真空度，且反复抽充几次后都显示同一真空度值（例如 3×10^{-2} Pa），无法达到蒸镀要求的高真空度（4×10^{-4} Pa），造成此现象的可能原因有哪些？采取什么措施可解决此问题？

2.5 自动封装仪

2.5.1 OLED 封装简介

光电器件的封装技术和方法有多种，本节将着重介绍与 OLED 相关的封装技术和方法。光电器件的有机材料对水分、氧气、灰尘等物质非常敏感，为了保持器件的光电性能和延长器件的使用寿命，必须对器件进行封装处理。对于 OLED 而言，封装的主要作用是将发光器件与环境隔离开，以降低水分、氧气、灰尘、射线等外力对器件有机活性层的损伤，从而稳定器件的各项性能参数，延长器件的使用寿命。

OLED 可采用刚性基板和柔性基板。针对不同性质的基板，需要采用不同的封装技术和方法。传统的 OLED 是在刚性的玻璃或者金属基板表面制作电极和各有机薄膜功能层。对此类器件进行封装时，一般在器件上添加后盖板，环氧树脂经过紫外固化后将基板和盖板粘接成一个整体，封装后的器件结构如图 2.63（a）所示。柔性基板的 OLED 对水分、氧气的阻隔性能较差，需要在基板表面沉积阻挡层，防止空气中的水分、氧气、灰尘等渗入，从而延长器件的寿命。阻挡层可以是无机氧化物或者疏水性聚合物等，但是单一阻挡层易脆裂，很难完全阻挡有害气体的渗入。目前多采用多层或叠层结构的阻挡层，薄膜封装后的器件结构如图 2.63（b）所示。

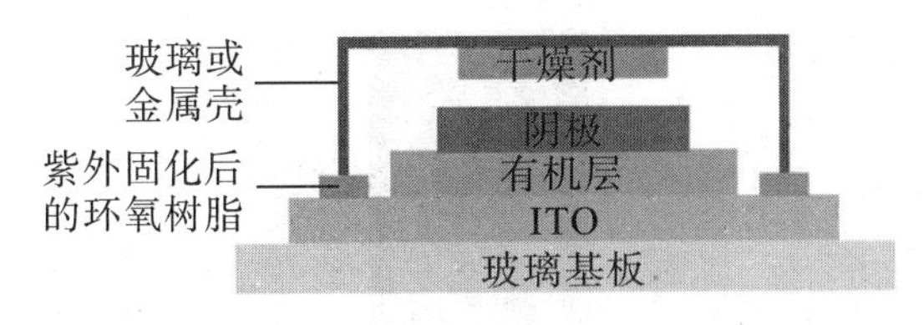

(a) 传统盖板封装的 OLED 的结构

(b) 薄膜封装的 OLED 的结构

图 2.63　传统盖板封装和薄膜封装的 OLED 的结构示意图

封装后，OLED 的各个功能层与空气隔离开，防止器件的各个功能层与空气中的水分、氧气、灰尘等成分接触而发生反应。封装所用的盖板通常是玻璃或者金属。整个封装过程都在惰性气体氛围中完成，一般封装手套箱内的水、氧含量低于 1 ppm。调整好封装程序的自动封装仪（点胶机），完成整个器件的封装过程。自动封装过程包括 UV 胶的涂覆、盖板吸附、盖板放置、UV 固化等步骤。经过 UV 曝光后形成一个与大气环境隔离的壁障，该壁障能有效防止空气中的水分、氧气、灰尘等进入器件内部，避免对器件的光电性能造成影响。此外，盖板封装时需要使用密封胶，但是密封胶的多孔性会使空气中的水分、氧气等渗入器件内部，影响器件性能。一般在传统盖板封装工艺过程中，在器件内部加入干燥剂，以除去渗入器件内部的水分、氧气等。盖板封装工艺成熟且成本低廉，所以器件封装企业多采用此封装技术。本节介绍的封装技术也是盖板封装技术。刚性基板的封装技术还包括钝化层封装技术、原子层沉积封装技术、Barix 封装技术等，在此不进行深入探讨。

2.5.2　自动封装仪的操作技能培训

本节以 MUSASH（日本）型号为 SM200DS+ML−5000XII+MS−1 的自动封装仪为例开展针对性操作技能培训。自动封装仪集涂胶、吸附、放置、UV 固化于一体，对器件进行封装。使用封装仪的操作手柄可完成工艺程序的创建、编辑、修改、测试等工作。采用封装仪的同步控制模式和操作手柄控制模式均可调用封装工艺程序，完成器件封装工作。

2.5.2.1　同步控制模式

同步控制模式自动封装仪的操作步骤如下：

(1) 打开工作气。

(2) 开启流量控制仪。

(3) 打开自动封装仪电源。

(4) 在自动封装仪控制面板上选择自动封装工艺主程序 Channel，操作手柄处于同步控制模式（[EXEC.] 模式），如图 2.64 所示。

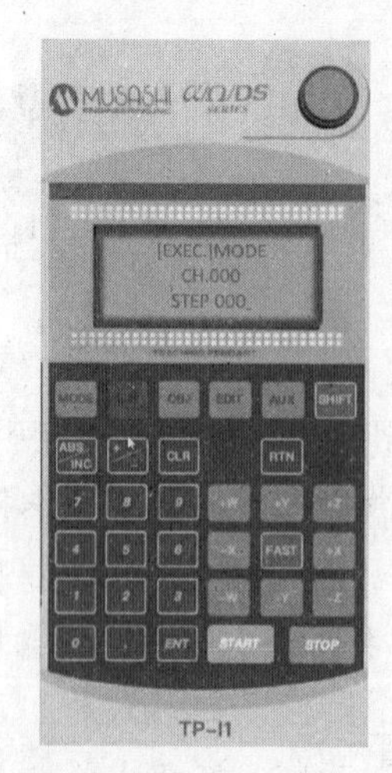

(a) 同步控制模式下操作手柄的状态

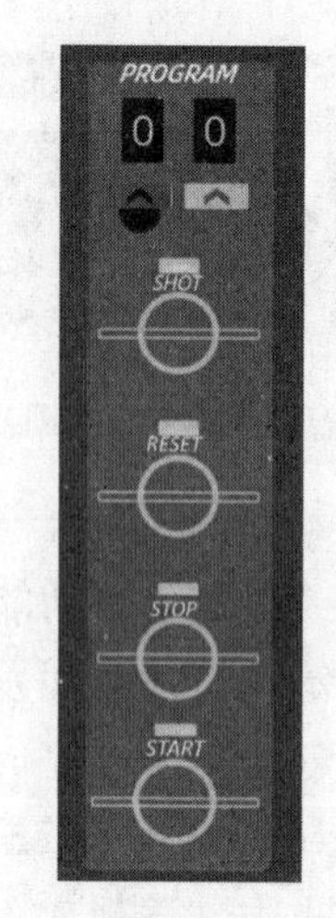

(b) 封装仪控制面板

图 2.64　同步控制模式自动封装仪

(5) 点击“START”，启动封装工艺程序①。

(6) 封装完毕后，仪器复位，取出封装器件，依次关闭封装仪电源、流量控制仪电源和工作气。

2.5.2.2　操作手柄控制模式

操作手柄控制模式自动封装仪的操作步骤如下：

(1) 打开工作气。

(2) 开启流量控制仪。

(3) 打开自动封装仪电源。

(4) 点击“MODE”，切换工作模式②，使之处于［AUTO.］模式。

(5) 点击“CH”，选择自动封装工艺程序。

(6) 点击“ENT”。

(7) 点击“START”，启动封装工艺程序。

(8) 封装完毕后，仪器复位，取出封装器件，依次关闭封装仪电源、流量控制仪电源和工作气。

2.5.2.3　建立或者修改封装主程序

自动封装仪的封装主程序是由涂胶（PAL1）、盖板吸附（PAL2）、盖板放置（PAL3）和UV照射固化（PAL4）组成的。此部分简单介绍封装主程序的基本结构，

① 在封装过程中如果出现错误，利用“急停”或者“STOP”终止封装工艺程序。消除警报后点击“RESET”，仪器复位。

② 操作手柄包含四种工作模式：［TEST］模式为校验模式，用于手动检查编辑的程序是否正常；［AUTO.］模式为自动模式；［EXEC.］模式为同步模式；［PROGRAM］模式为编辑模式，可以创建、编辑、修改封装工艺程序。

并举例说明修改主程序的基本方法。

主程序中，P1、P2 的意义分别是 X 方向和 Y 方向上两个产品的距离，N1 和 N2 的意义分别是 X 方向和 Y 方向上产品的个数。以建立名称为“14”的封装主程序为例，说明修改主程序的方法。此主程序对第一列的四片工艺部件进行封装。封装主程序中 N1 为 1，N2 为 4。主程序建立的基本方法如下：

（1）复制现有的主程序：MODE→PROGRAM，点击“CH”，输入要复制的主程序的序号→点击“EDIT”，选择“3：COPY CH”→输入新建主程序的名称→ENT→OK→1[①]。

（2）检查原有封装主程序各项参数：Y 方向上产品的个数和对应封装子程序的重复次数，因此，将“N2”改为 4，“TIME”重复次数改为 3。其中，主程序中，P1 指 X 方向上两个产品的距离，P2 指 Y 方向上两个产品的距离，具体测量方式如图 2.65 所示。TIME 指涂胶、吸附、放置、照射等子程序的重复次数。

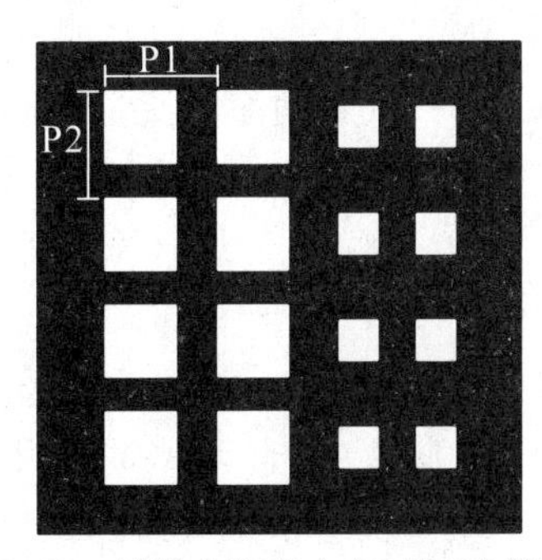

图 2.65　封装主程序中 P1 和 P2 的意义

（3）参数修改完毕后，点击“ENT”，直至进入下一个封装工艺步骤[②]，点击“MODE”，保存封装主程序。

2.5.2.4　涂胶子程序 I

（1）MODE→PROGRAM→CH（输入子程序序号）→ENT（执行程序）。

（2）OBJ→CP motion[③]→Z[④]（“+”Z 轴正方向下降至涂胶原点）。

（3）OBJ→STEP TOOL→TIMER：0.2 s（等待时间）。

（4）OBJ→CP motion→X = +1（X 轴正方向运行 1 mm[⑤]）。

---

① 0：NO；1：YES。输入 1 表示开始进入新建封装主程序，对其进行编辑。

② 修改参数后，必须点击“ENT”进入下一个参数设置界面，点击“MODE”才可保存更改的工艺参数。

③ 运行模式有两类：CP motion 是机材可分段编辑的直线运行模式，进入相应的编辑程序可分段编辑运行速率参数；PTP motion 是机材整体的移动速率，可以编辑整体的运行速率参数，不可以分段编辑运行速率参数。

④ 在子程序中添加坐标时一定要注意，子程序中的坐标模式为 INC 模式，主程序中的坐标模式为 ABS 模式。两者的区别：INC 模式的参考物是上一次的坐标位置；ABS 模式的参考物是自动封装仪的原点位置。如果子程序的坐标模式为 ABS 模式，在运行过程中，仪器每完成一步封装工艺将复位，产生错误和发出警报，无法完成封装工艺程序中设定的动作。

⑤ 防止 UV 固化胶在点胶原点位置堆积。

（5）OBJ→I/N→OUT No. 27→1[①]（启动涂胶流量控制仪）。

（6）OBJ→CP motion→V = 00；X = + 10（X 轴正方向运行 10 mm）[②]。

（7）OBJ→CP motion→V = 00；Y = + 10（Y 轴正方向运行 10 mm）。

（8）OBJ→CP motion→V = 00；X = − 10（X 轴反方向运行 10 mm）。

（9）OBJ→CP motion→V = 00；Y = − 10（Y 轴反方向运行 10 mm）。

（10）OBJ→I/N→OUT No. 27→0（关闭涂胶流量控制仪）。

（11）OBJ→CP motion→V = 00；X = + 1（X 轴正方向运行 1 mm）[③]。

（12）OBJ→CP motion→Z（“−” Z 轴反方向上升距离）[④]。

2.5.2.5 涂胶子程序 II

（1）MODE→PROGRAM→CH（输入子程序序号）→ENT（执行程序）。

（2）OBJ→CP motion→Z（“+” Z 轴正方向下降至涂胶原点）。

（3）OBJ→STEP TOOL→TIMER：0.2 s（等待时间）。

（4）OBJ→I/N→OUT No. 27→1（启动涂胶流量控制仪）。

（5）OBJ→CP motion→X= +1（X 轴正方向运行 1 mm）。

（6）OBJ→CP motion→V = 00；X = + 10（X 轴正方向运行 10 mm）。

（7）OBJ→CP motion→V = 00；Y = + 10（Y 轴正方向运行 10 mm）。

（8）OBJ→CP motion→V = 00；X = − 10（X 轴反方向运行 10 mm）。

（9）OBJ→CP motion→V = 00；Y = − 10（Y 轴反方向运行 10 mm）。

（10）OBJ→I/N→OUT No. 27→0（关闭涂胶流量控制仪）。

（11）OBJ→CP motion→V = 00；X = + 1（X 轴正方向运行 1 mm）。

（12）OBJ→CP motion→Z（“−” Z 轴反方向上升距离）。

---

① 1：ON；0：OFF。ON 代表启动相关程序，OFF 代表关闭相关程序。

② V 是指封装工艺中仪器的运行速率，在子程序中直接调用速率代码，如果需要修改工艺程序中的运行速率，需要进入相应的编辑界面修改代码对应的运行速率（MODE→PROGRAM→AUX→ENT，查到相应的 CP motion 速率序号，对其进行修改），通过改变运行速率来改善涂胶量。此外，调节涂胶流量控制仪的压力和胶头直径也可以调节涂胶量。

③ 涂胶操作完成后，胶头在 X 轴方向继续运行一段距离（例如 1 mm，此距离可根据实际的封装效果设定），避免出现 UV 固化胶拉丝或者堆积现象。

④ Z 轴方向上升的距离必须与 Z 轴方向下降的距离保持一致。

涂胶子程序Ⅰ和涂胶子程序Ⅱ的胶头移动方向和涂胶轨迹如图 2.66 所示。

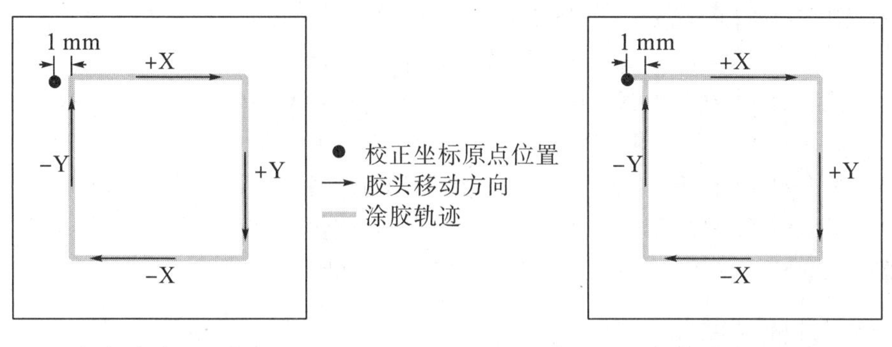

（a）涂胶子程序Ⅰ　　（b）涂胶子程序Ⅱ

图 2.66　涂胶子程序的胶头移动方向和涂胶轨迹

2.5.2.6　吸附子程序

（1）MODE→PROGRAM→CH（输入子程序序号）→ENT（执行程序）。

（2）OBJ→STEP TOOL→TIMER：0.2 s（等待时间）。

（3）OBJ→I/O→OUT No.01→1（开启吸附气缸）。

（4）OBJ→CP motion→Z（“+”Z 轴正方向下降距离）。

（5）OBJ→I/O→OUT No.02→1（开启吸气操作）。

（6）OBJ→STEP TOOL→TIMER：5 s（吸附时间）。

（7）OBJ→CP motion→Z（“−”Z 轴反方向上升距离）[①]。

2.5.2.7　放置子程序

（1）MODE→PROGRAM→CH（输入子程序序号）→ENT（执行程序）。

（2）OBJ→STEP TOOL→TIMER：0.2 s（等待时间）。

（3）OBJ→CP motion→Z（“+”Z 轴正方向下降距离）。

（4）OBJ→STEP TOOL→TIMER：0.2 s（等待时间）。

（5）OBJ→I/O→OUT No.02→0（关闭吸气操作）。

（6）OBJ→I/O→OUT No.04→1（启动真空泵）。

（7）OBJ→STEP TOOL→TIMER：5 s（抽真空时间）。

（8）OBJ→I/O→OUT No.04→0（关闭真空泵）。

（9）OBJ→I/O→OUT No.01→0（吸附气缸上升距离）。

（10）OBJ→CP motion→Z（“−”Z 轴反方向上升距离）。

2.5.2.8　UV 固化子程序

（1）MODE→PROGRAM→CH（输入子程序序号）→ENT（执行程序）。

---

① Z 轴气缸上升距离应该与 Z 轴气缸下降距离相同，例如第 4 步，Z 轴下降距离为+43，第七步 Z 轴上升距离应为−43。

（2）OBJ→I/O→OUT No. 09→1（开启 UV 灯气缸）。

（3）OBJ→STEP TOOL→TIMER：0.5 s（等待时间）。

（4）OBJ→CP motion→Z（“+”UV 灯气缸下降距离）。

（5）OBJ→I/O→OUT No. 10→1（开启 UV 灯电源）。

（6）OBJ→STEP TOOL→TIMER：25 s（UV 灯照射时间）。

（7）OBJ→I/O→OUT No. 10→0（关闭 UV 灯电源）。

（8）OBJ→I/O→OUT No. 09→0（关闭 UV 灯气缸）。

（9）OBJ→CP motion→Z（“−”UV 灯气缸上升距离）。

2.5.2.9 其他设置和操作

下面介绍的主程序序号、子程序序号、OUT 序号和功能仅适用于本实验室的仪器，程序调用和常用指令则适用于同类型自动封装仪。

（1）相关主程序和子程序的序号：①CH1：主程序（总）；②CH70：第一列主程序（左）；③CH71：第二列主程序（左）；④100 CH：涂胶子程序；⑤101 CH：吸附子程序；⑥110 CH：放置子程序；⑦111 CH：照射子程序。

（2）OUT 序号对应的功能：①OUT No. 01：吸附气缸（气缸升/降）；②OUT No. 02：吸气操作（玻璃吸盘）；③OUT No. 03：吹气操作（玻璃吸盘）[①]；④OUT No. 04：真空泵（开启/关闭）；⑤OUT No. 09：UV 灯气缸（气缸升/降）；⑥OUT No. 10：UV 灯电源（开启/关闭）；⑦OUT No. 27：涂胶流量控制仪（开启/关闭）。

（3）编辑封装主程序时，调用子程序的方法：OBJ→STEP TOOL→CH CALL。

（4）在封装主程序中添加新的工艺步骤：在 PROGRAM 模式下，将手柄的操作界面调节至添加步骤的下一步，点击“EDIT[②]”→1：INSERT STEP→1，开始按照相应的编辑步骤插入新工艺步骤参数。

（5）在封装主程序中删除某一个工艺步骤：将界面调节至待删除的工艺步骤，点击“EDIT”→2：DELETE STEP→1，删除选择的工艺步骤。

（6）修改运行速率：MODE→PROGRAM→AUX→根据需要修改 CP motion 的速率。

（7）修改封装坐标值：MODE→PROGRAM→CH（输入主程序的序号）→ENT（执行程序）→ENT（进入封装工艺步骤）修改封装工艺步骤的 X、Y 坐标值。封装主程序分为四步：PAL1，涂胶步骤；PAL2，吸附步骤；PAL3，放置步骤；PAL4，照射步骤。修改完工艺参数后，必须进入下一个工艺步骤，点击“MODE”保存修改的工艺参数。

---

① 在放置盖板玻璃时，执行了关闭吸气操作指令（OUT No. 02→0）后，盖板未被放置下来，可以增设吹气操作指令。

② EDIT 中包含的内容：“1：INSERT STEP”“2：DELETE STEP”“3：COPY CH”“4：DELETE CH”。

思考题

（1）请简述自动封装仪进行器件封装的基本步骤，简单说明各个封装步骤的作用和意义。

（2）涂胶过程中发现涂胶量过多，如何调整封装程序才能减少涂胶量？

（3）在涂胶过程中，紫外固化胶不能平铺到基板表面，而是蜷曲在胶头的头部，是什么原因造成了此现象？如何调整封装工艺参数，避免发生此类情况？

（4）自动封装仪在吸附盖板的过程中无法完成吸附玻璃操作，是什么原因导致了此现象？如何调整封装工艺参数才能顺利完成吸附工艺步骤？

（5）器件封装完毕后发现封装胶未能完全固化，如何调整封装工艺参数才能使 UV 胶完全固化？

2.6　OLED 性能测试

2.6.1　测试装置简介

OLED 性能测试主要使用三种类型的仪器：光谱测试仪、发光二极管测试仪、半导体测试仪与光度计联用测试装置。光谱测试仪主要用于检测电致发光器件的发光光谱，其中包括光谱信息和色度信息等。发光二极管测试仪可以直接测试 OLED 的光电性能，通过测试可以得到 OLED 的电流-电压曲线、亮度-电压曲线和外量子效率-电压曲线等。半导体测试仪与光度计联用测试装置和发光二极管测试仪的工作原理相同。

OLED 性能测试时需要使用测试盒，以图形化的 ITO 玻璃为基板，采用溶液法、沉积法和掩膜技术可制备出不同结构的 OLED。根据实际需求和 OLED 的结构可以设计不同结构的测试盒。如图 2.67（a）所示，OLED 测试盒的基本结构包括样品盒、盒盖、光度探头和光纤等。样品盒内有器件槽和电极，上剖面如图 2.67（b）所示。本节中介绍的测试盒适用的器件结构如图 2.67（c）所示，每片 OLED 中包含四个发光区域，利用测试盒可以分别测试 OLED 各个发光区域的光电性质。在测试过程中，样品盒的上剖面如图 2.67（d）所示，确保 OLED 的电极向下、透光面向上放置于器件槽，安装好（压紧）盒盖，给器件施加适当的电压，电路导通后，电极对应的发光区域产生电致发光现象，光度探头采集光信号，并将光信号传输给光度计。

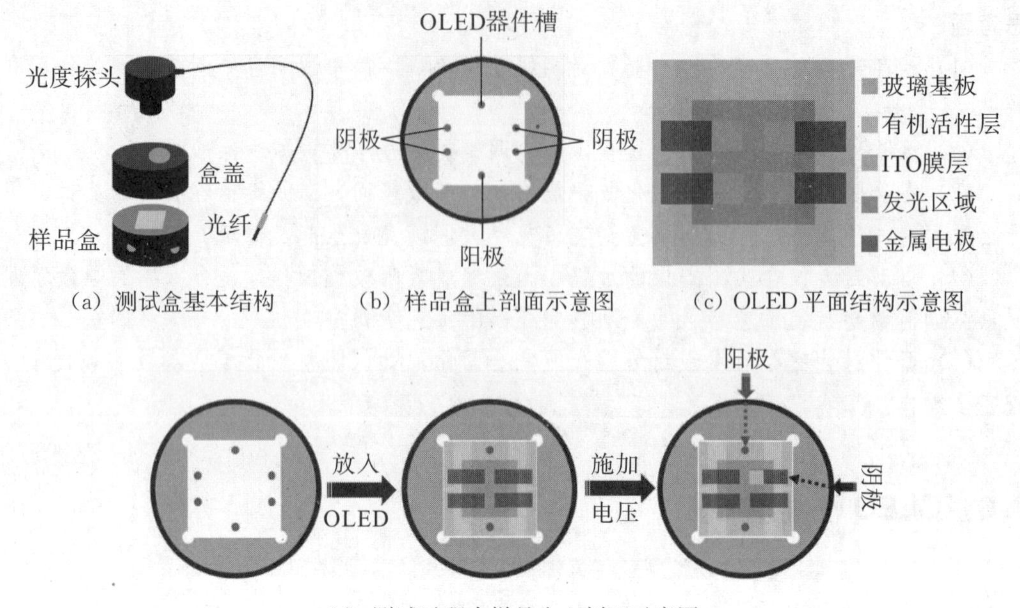

(a) 测试盒基本结构　(b) 样品盒上剖面示意图　(c) OLED 平面结构示意图

(d) 测试过程中样品盒上剖面示意图

图 2.67　测试盒的基本结构和测试过程中样品盒的上剖面示意图

2.6.2　光谱测试仪的操作技能培训

光谱测试仪主要用于测定电致发光光谱和色度信息，由数字源表（或者半导体测试仪）、光谱光度计、光纤探头等部分组成，如图 2.68 所示。数字源表（或者半导体测试仪）给器件施加稳定直流电压，光纤探头采集光信号传输给光谱光度计，光谱光度计将光谱信号转变为电信号，并将其传输给数据记录系统，得到 OLED 的电致发光光谱。

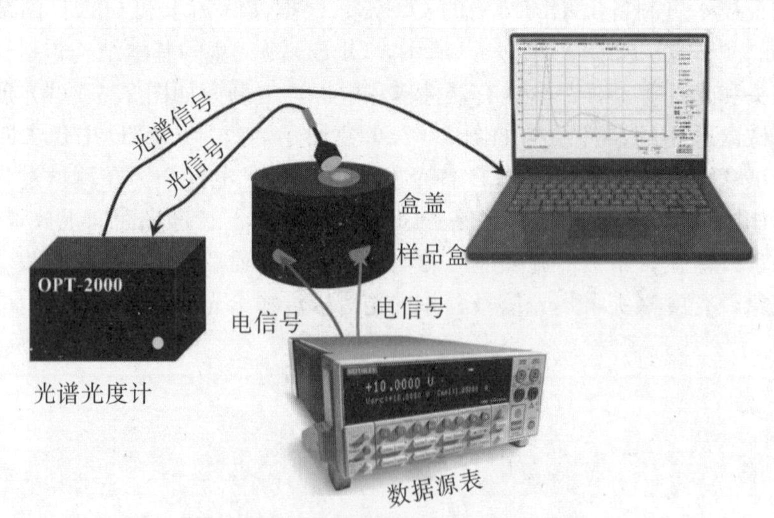

图 2.68　光谱测试仪的基本结构示意图

光谱测试仪的操作方法如下：

（1）打开数字源表和电脑，启动 OPT-2000 光谱光度计控制软件。

（2）将 OLED 放入测试盒，压紧盒盖，给器件施加一定的电压（某一恒压值或者器件亮度约为 1000 cd/m^2 处的电压）。

（3）保持软件处于采集状态，光纤探头对准发光区域，采集光谱信息。

（4）当软件采集到电致发光光谱后，点击“停止”，对数据进行保存和分析。

OPT-2000 光谱光度计测试软件用于呈现发光光谱的基本信息，测试软件的主菜单包括文件、光源测量、数据处理、图形等项目。主菜单所包含的子菜单和功能如图 2.69 所示。进入测试界面后，点击“光源测量”→稳恒光，进入测量界面。软件默认的光度类型为亮度测量，如果需要测量 OLED 器件的照度，须在“光度类型”中选择照度。

文件	光源测量	物体色测量			数据处理	光度类型	校正
保存	稳恒光	反射率测量		标准板校正	显示数据	亮度	照度校正
打开	脉冲光	透射率测量	光源光谱	对A光源	打印数据	照度	亮度校正
退出			对A光源	对D65光源	显示马蹄图	光强度	波长校正
			对D65光源		显示光谱图		标准板反射率
					打印马蹄图		
					打印光谱图		

图 2.69　OPT-2000 光谱光度计测试软件的主菜单

稳恒光测量主要用于测定发光区域稳恒光的光色信息。点击“采样”（Alt + S）开始测量，屏幕实时显示 OLED 光谱测量结果。若需保存某一瞬时的光谱数据，则点击“停止”（Alt + P），选择“文件”中的“保存”。

如图 2.70 所示，稳恒光测试界面显示的是归一化的相对光谱图，发光光谱上方提供峰值波长处的光谱辐照度（最大值）和峰值波长。界面右侧显示发光光谱的色坐标 x、y 值，光度 Y 值和色温 Tc 值等色度信息。如果测量类型选择照度，Y 的单位为 lx，同时提供与发光区域距离对应的光强值（cd）。如果测量类型选择亮度（默认），Y 的单位为 nt（cd/m^2）。当显示色度图时，界面右侧将显示发光颜色对应的主波长（λ_M，nm）和色纯度（Pe）。

程序默认量程变换方式为自动。如果要求快速测量或脉冲光测量，则需选择手动量程。在测量过程中，当输出满度比小于 40%时，表示量程偏高，选择量程数更低挡（积分时间变长）；当输出满度比等于 100%时，表示光谱测量超量程，选择量程数更高挡（积分时间变短）。

闪烁光测量主要用于测量闪烁光在一段时间内各时刻的光谱功率分布。进入测试界面后，根据所测光最亮时刻的亮度选择合适量程（只能选择手动量程）和测量时间。点击“采样”开始测量，连续采集多帧光谱。量程越小或平均次数越少，采集速度越快。测量结束后保存各帧的光度和色度参数，会提示是否保存光谱数据。如果选择“是”，保存峰值时刻的光谱数据。通过选择下面的帧号可显示各时刻的光谱图和各波长数据。

此软件最多保存 600 帧光谱的光度和色度参数。如果采样时间较长，可加大平均次数。

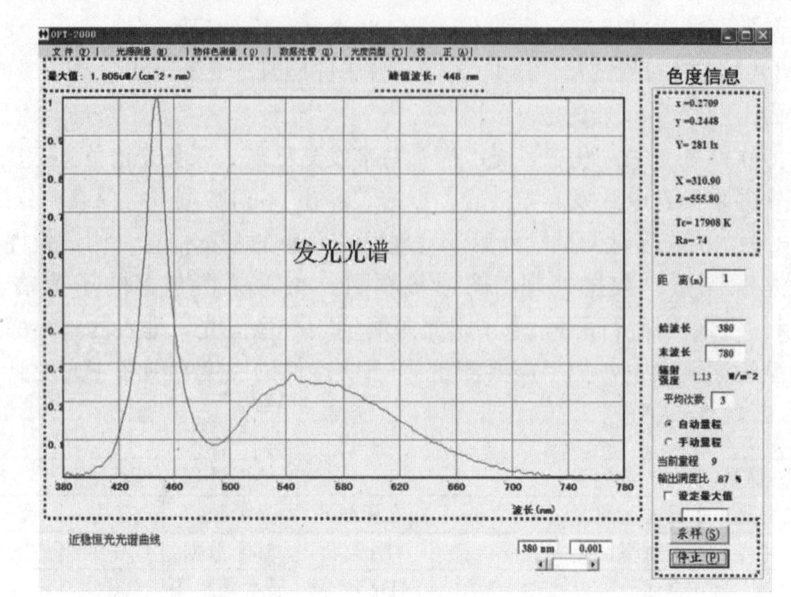

图 2.70　OPT-2000 光谱光度计发光光谱显示界面

OPT-2000 光谱光度计灵敏度较高，标准配置不适于测定强光。测定强光时，需要配备中性减光筒（乳白罩），操作如下：

（1）将减光筒（乳白罩）连接至光度探头头部，注意一定要拧到底。

（2）在配套软件中选择使用减光附件，按照配件参数填写减光倍率数值。

（3）点击“采样”，光度探头采集发光区域的光度和色度信息。

以稳恒光测量为例说明软件使用方法。软件的基本操作如下：启动 OPT-2000 光谱光度计测试软件，将提示“是否联机测量?”，选择“是”，进入软件设置界面，如图 2.71 所示。在“光源测量”下拉菜单中选择稳恒光测定模式，在“光度类型”下拉菜单中选择光度类型，进入测量界面，如图 2.72 所示。

（a）OPT-2000 光谱光度计测试软件图标

（b）联机测量提示

图 2.71　OPT-2000 光谱光度计测试软件图标和联机测量提示

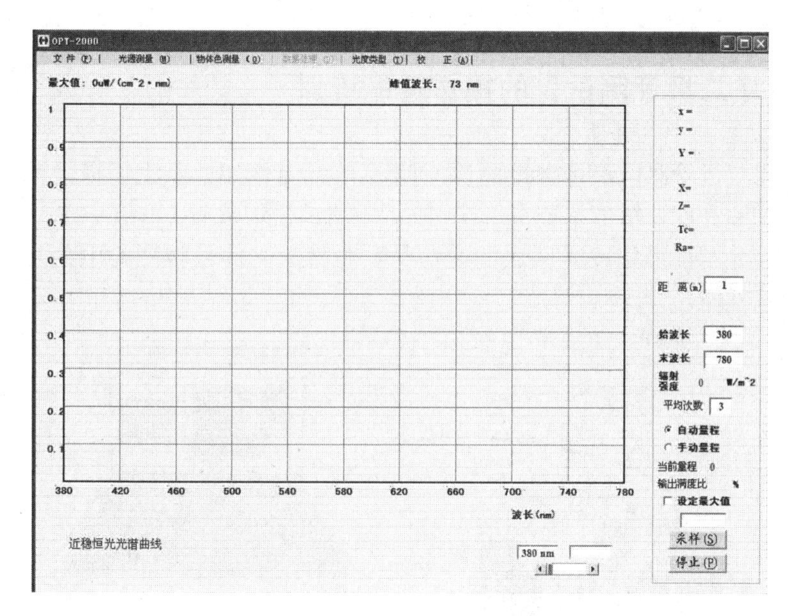

图 2.72　OPT-2000 软件测量界面

（1）测量前设置波长范围和平均次数等参数。

（2）在数字源表（或者半导体测试仪）上设置所需电压值，将光度探头对准发光区域，点击“采样”，采集发光区域的光谱信息。当发光稳定后点击“停止”，测得发光区域的光谱信息，将光谱数据保存为“.dat”文件。通过数据处理→显示马蹄图，可查看发光光谱的马蹄图和 CIE 色坐标信息，操作过程如图 2.73 所示。

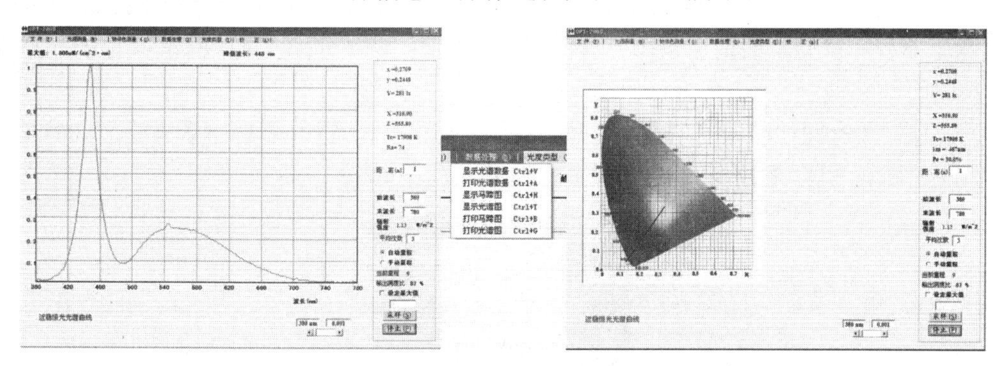

图 2.73　OPT-2000 光谱光度计数据处理

（3）测试完毕，依次关闭软件、电脑和数字源表（或者半导体测试仪）。

仪器使用和存放的注意事项：①存放在湿度小于 80%，温度为 20℃±10℃的无腐蚀气体的洁净实验室内；②避免剧烈撞击，仪器外露的光学部件（包括附件）避免污染和划伤，光纤束避免受到大曲率的弯折和挤压，以免光纤受损；③如果测试软件提示“Not Find CCD.”或者“Booter not installed”，重新连接数据线，重新启动和运行测试程序。如果仍然出现上述提示，退出程序，重新启动计算机。在确保 USB 电缆连接无误的前提下，如果连续出现此类问题，数据传输线或者计算机 USB 接口可能被损坏，需要更换数据传输线或者检修 USB 接口。

2.6.3 发光二极管测试仪的操作技能培训

利用发光二极管测试仪可直接测试 OLED 的光电性能。发光二极管测试仪由测试盒、数字源表和光度计组成，如图 2.74 所示。测试盒中放置 OLED，数字源表提供器件所需电压，光度计采集发光区域的光信号，并将此光信号转变为电信号，从而测得 OLED 的光电性能。

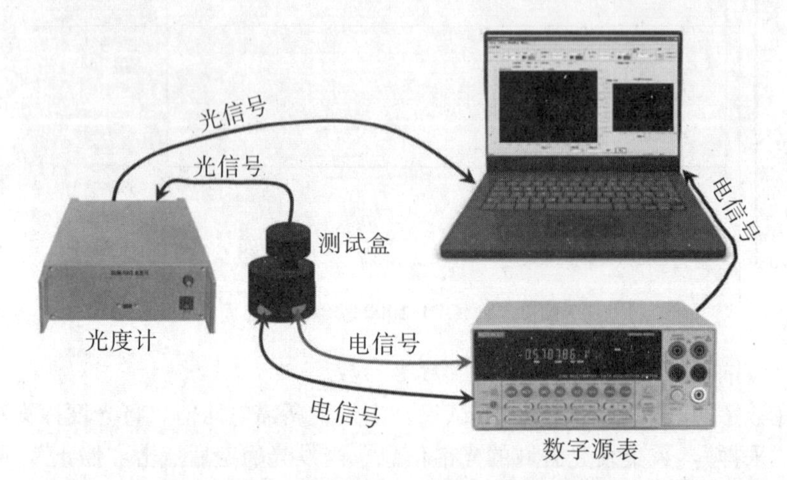

图 2.74 发光二极管测试仪的基本结构示意图

利用 OEL 测试软件可以测得 OLED 的电流-电压曲线、亮度-电压曲线、外量子效率-电压曲线，从而全面地了解 OLED 的光电性能。以下介绍 OEL 测试软件使用的基本方法：

(1) 打开光度计和数字源表的电源。双击 OEL 测试软件图标（图 2.75），启动测试软件，进入 OEL 参数设置和测试界面，如图 2.76 所示。

图 2.75 OEL 测试软件图标

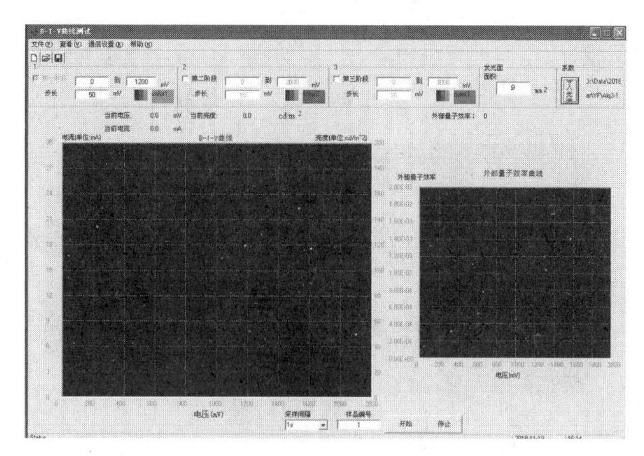

图 2.76　OEL 参数设置和测试界面

(2) 点击“通信设置”，设置 KEYTHLEY 原地址为 0。通过系统设备管理器查看链接的设备串口信号端口①，对通信端口进行设置。在通信端口设置与测试界面点击“连接测试”，听到数字源表发出“滴滴”声，仪器状态显示“连接成功 ID=0”，表示数字源表连接成功。点击亮度计通信端口的“连接测试”，单通道处显示“This is OEL Testing System, Ver1.0 ID=1”，设置界面的变化如图 2.77 所示。连接测试成功后，点击“关闭退出”，进入测试界面。

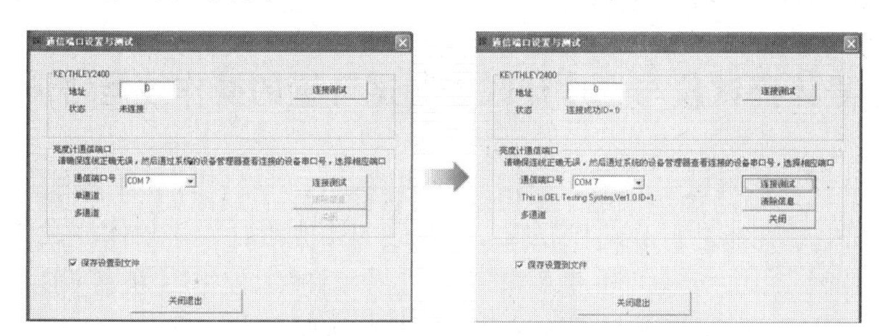

图 2.77　通信端口设置与测试界面设置成功前后的变化

(3) 根据测试需要设定有效的电压范围和步长，输入有效发光面积②，导入 OPT-2000 光谱光度计测得的光谱文件（.dat），选择采样时间间隔，点击“开始”进行测量③。测量结束后点击“保存”（或者文件→保存），得到器件的光电性能数据，如图 2.78 所示。

---

① 右击“我的电脑”→设备管理器→端口→USB Serial Part，查看设备串口信号端口。

② 器件的发光面积是 3 mm×3 mm。

③ 有机电致发光测试仪连接测试成功后点击“开始”，如果无电信号传输，检查信号线连接无误且无松动，尝试重新启动仪器和测试软件等。如果仍然存在此类问题，信号传输线可能被损坏，考虑更换信号传输线。

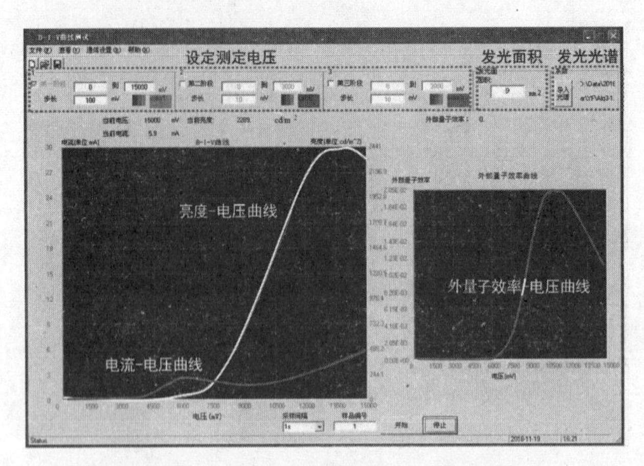

图 2.78　发光二极管测试仪的测试界面

（4）数据处理：测量结束可得到器件电流、电压、亮度和外量子效率等性能参数。通过对数据的推导和处理得到器件的电流密度、电流效率、功率效率等性能参数，可全面分析 OLED 的光电性能。

发光二极管测试仪使用的注意事项：①仪器运行环境：湿度小于 60%，温度为 −10℃～30℃，干燥、清洁、远离火源、无腐蚀介质；②探头光学部分不得划伤或沾染污物，探头和主机避免剧烈撞击。

2.6.4　半导体测试仪与光度计联用测试装置的操作技能培训

在 OLED 的性能测试实验中，采用半导体测试仪与光度计联用测试装置对 OLED 的光学性能和电学性能进行测试和分析。测试装置由光度计、半导体测试仪和测试盒等部分组成，如图 2.79 所示。此联用装置的工作原理和发光二极管测试仪相似。将 OLED 放置于测试盒内，用半导体测试仪给器件施加适当的电压后，发光区域可产生电致发光现象。在半导体测试仪上设置和定义各项电学参数，包括各个电极性质、阳极电压扫描范围、光度计和半导体测试仪的光电转化关系等参数。设置完毕后对器件的光电性能进行测试。

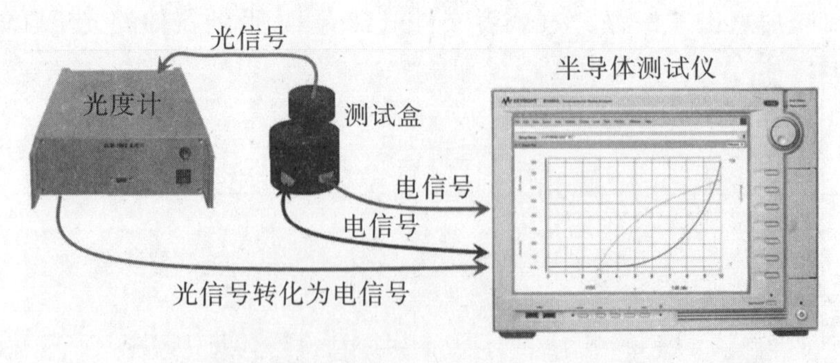

图 2.79　半导体测试仪与光度计联用测试装置的基本结构示意图

将 OLED 放入测试盒，组装好测试盒和连接线，根据电极连接情况编辑半导体测试仪的测试程序。利用半导体测试仪给 OLED 施加一定的电压，在一定的电压范围内，器件将产生电致发光现象，光度探头采集光信号，传输给光度计，光度计将光信号转化为电信号，并将检测数据传输给半导体测试仪，将光电信号呈现在半导体测试仪的显示界面上。利用此测试装置测试 OLED 的性能，可得到器件的光学性能和电学性能。通过进一步的数据处理和换算可以得到电流密度、电压、外量子效率、亮度、电流效率、功率效率等光电性能数据，可全面分析器件的光电性能。

半导体测试仪与光度计联用测试装置的操作方法：

（1）按要求将 OLED 放置于测试盒内，连接电源线。

（2）启动光度计和半导体测试仪。

（3）启动 EasyEXPERT 软件，设置测试参数。EasyEXPERT 软件具体操作方法：在“My Favorite”菜单中找到“Experimental Technical”文件夹，调用 I/V B* 10000 测试程序[①]，测试程序调用界面如图 2.80 所示。在编辑测试方法时，主要编辑“Channel”“Measurement”“Function”“Display”模块的测试参数和物理量。

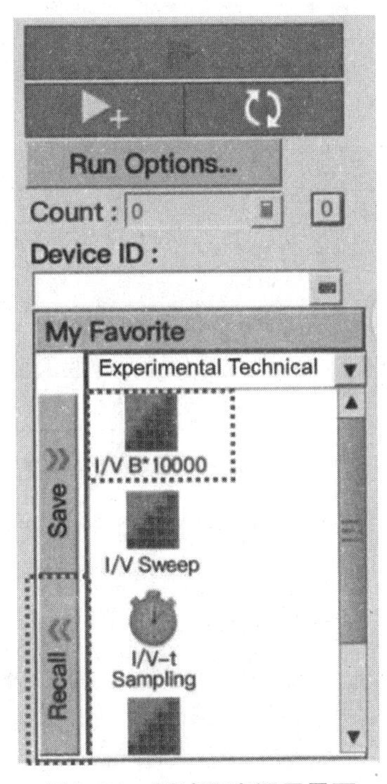

图 2.80　测试程序调用界面

如图 2.81 所示，在 Channel 编辑界面设置各个电极的性质，SMU1 为变量，连接 OLED 的阳极；SMU2 为接地线，连接 OLED 的阴极；SMU3 为常量，与光度计连接，用于检测 OLED 的光学性能。在 Measurement 编辑界面可根据实验需要编辑电压扫描

① 调用测试程序的方法：选中所需的测试程序，点击“Recall”。新建测试程序的方法：Classic Test→I/V Sweep→Select，可建立一种新的测试方法，分别在“Channel”“Measurement”“Function”“Display”模块编辑各项测试参数和定义各个物理量。

范围和步长等测试参数，编辑界面如图 2.82 所示。基于 OLED 发光机理和测试原理可知，给 OLED 施加电压后，发光区域产生电致发光现象，光度探头采集光信号，将此光信号传递给光度计，光度计将光信号转化为电信号，再传递给半导体测试仪，在光信号产生、采集、传输和转化的过程中便产生了光信号延迟时间，即 Delay 时间。由于 OLED 接收电信号产生电致发光现象与半导体测试仪检测到光信号并非完全同步，有时间差，因此需要根据实际测试结果校正延迟时间。

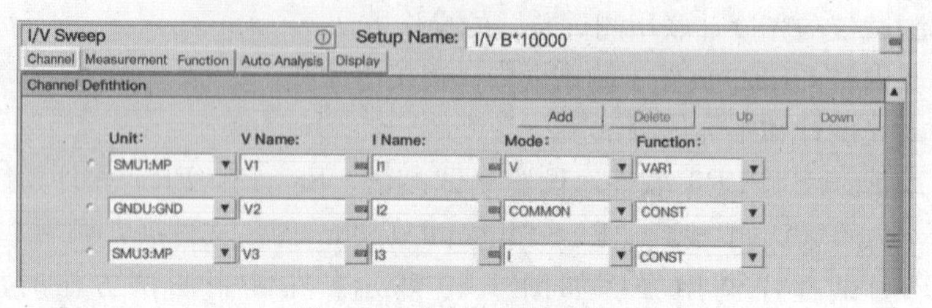

图 2.81　Channel 编辑界面

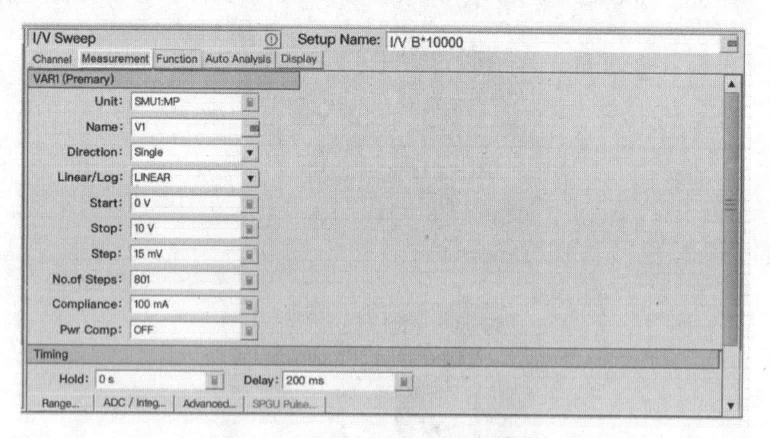

图 2.82　Measurement 编辑界面

Function 编辑界面可以定义各个物理量的意义和转换关系，如图 2.83 所示。在“1.1.4　有机电致发光二极管的性能指标”部分已经详细介绍了 OLED 各项性能参数的意义和换算关系。根据各项性能参数之间的换算关系，在 Function 编辑界面分别定义 B（亮度）、J（电流密度）、E（电流效率）和 P（功率效率）等性能参数。测试过程中，半导体测试仪将实时显示 OLED 的相关性能参数值。Display 编辑界面用于设置实时显示的性能参数和保存的性能参数的信息（图 2.84）。“Add”和“Delete”可以增加和删除显示参数，“Up”和“Down”可以调整各项性能参数的显示顺序。通过设置此界面的参数种类可以快速筛选出需要实时显示和保存的性能参数。

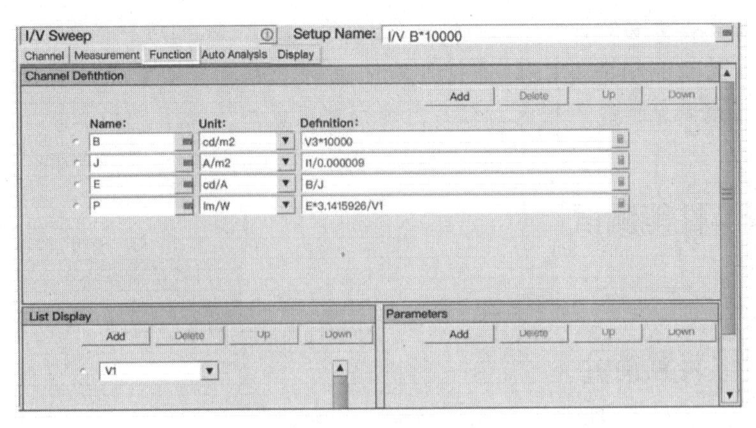

图 2.83　Function 编辑界面

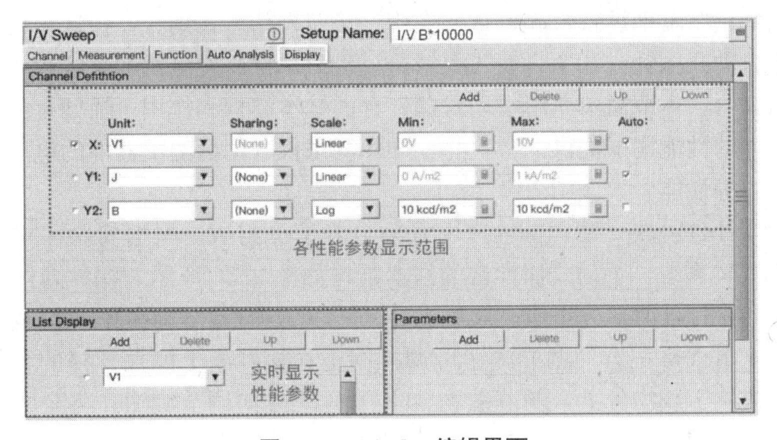

图 2.84　Display 编辑界面

（4）点击▶，开始测试，对器件的光电性能进行测试。测试完毕后，更换测试盒的电源线连接点和采光区域，测试不同发光区域的光电性能。

（5）测试完毕后，取出发光器件，退出 EasyEXPERT 软件，依次关闭半导体测试仪和光度计。

思考题

（1）以半导体测试仪与光度计联用测试装置为例说明 OLED 测试仪的基本工作原理。

（2）在使用半导体测试仪与光度计联用测试装置对 OLED 的光电性能进行测试时，无电压施加的条件下，其亮度值没有归零（例如 0.27 cd/m^2）或者亮度值为负（例如 −0.35 cd/m^2），如何调整仪器才能消除此类误差？

（3）在使用发光二极管测试仪测试 OLED 的性能时，可以测得器件的电流、电压、亮度和外量子效率，如何换算才能得到 OLED 的电流密度、电流效率和功率效率等性能参数？

（4）如何测试 OLED 的电致发光光谱？发光光谱和色度对 OLED 的性能评价和结

构调整有何指导性意义？

（5）在对结构相同的OLED进行性能测试时，为何有些发光区域发光性能良好，而有些发光区域发光性能不稳定，容易出现击穿现象？

2.7 OFET性能测试

2.7.1 测试装置简介

半导体测试仪在半导体科学研究和半导体制造工程中越来越重要。探针台作为半导体器件测试的重要辅助设备，起着重要作用。按照操作方式划分，探针台可分为手动式探针台、半自动式探针台和全自动式探针台。科研单位研发测试和高校教学操作一般使用手动式探针台。本节简单介绍手动式探针台的基本结构和作用。探针台的主要作用是为半导体器件的性能测试提供平台，与半导体测试仪联用可测试器件的电压、电流、电阻及单位电容等性能参数。

手动式探针台由放大镜、探针座、载物台等部分组成。根据实验需求，可以加装CCD和LASER系统。手动式探针台的基本结构如图2.85所示。探针台的方位调控机构由探针座和探针杆两部分组成。载物台X-Y-Z三方向调节旋钮可调控载物台的移动方向，探针座X-Y-Z三方向调节旋钮可调控固定在探针座上的探针杆的移动方向。将半导体器件放置于载物台上，调节载物台X-Y-Z三方向调节旋钮，将载物台移动至合适位置，调节探针座X-Y-Z三方向调节旋钮，将探针放置在待测点上，探针检测到电信号，通过探针杆电缆将电信号传输给测试仪，从而得到电学性能参数。OFET性能测试装置和等效电路图如图2.86所示。

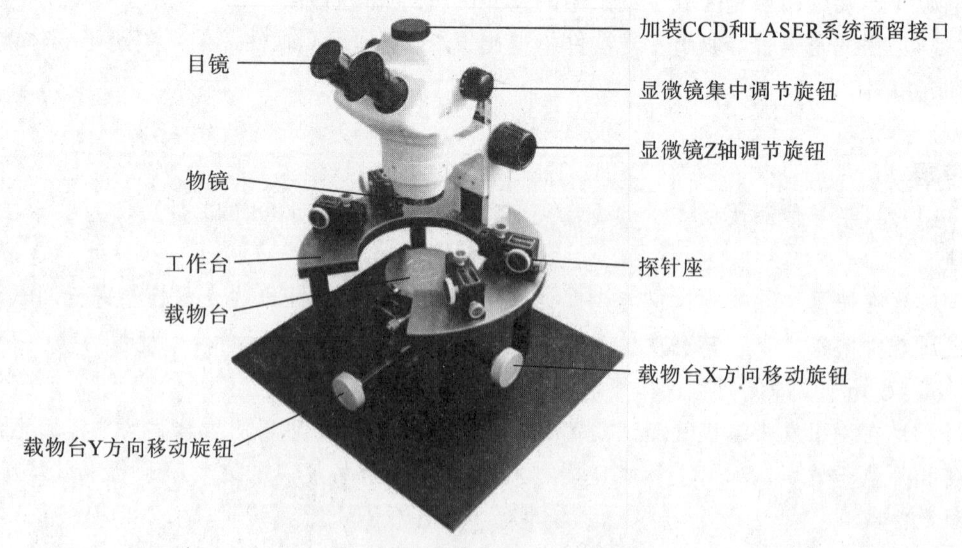

图2.85　手动式探针台实物图

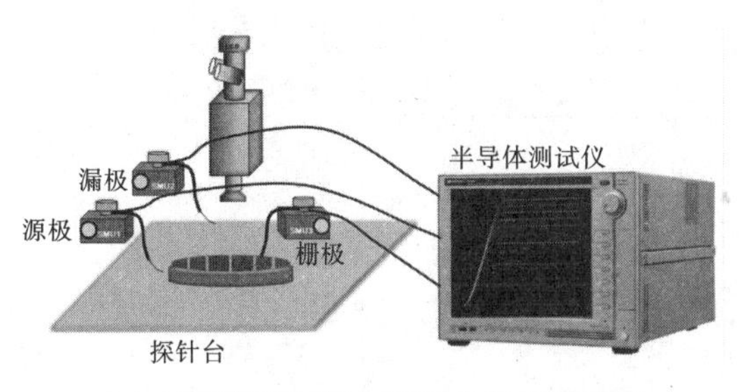

(a) 半导体测试仪和探针台装置示意图

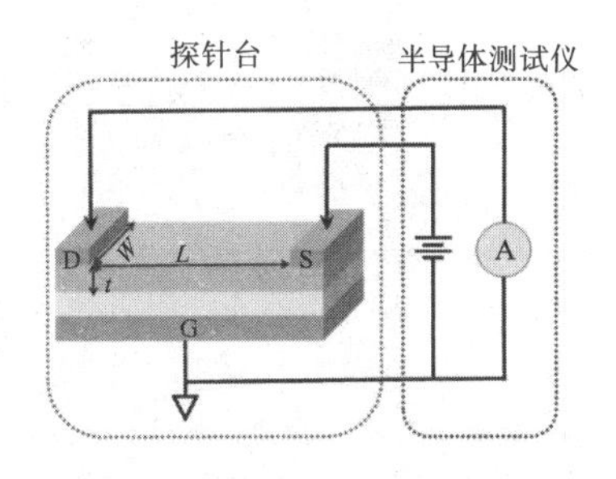

(b) 半导体测试仪和探针台等效电路图

图 2.86　OFET 性能测试装置和等效电路图

如图 2.86 所示，在 OFET 性能测试过程中，探针台作为测试辅助设备，通过探针座和探针杆将半导体测试仪的三电极（SMU1、SMU2、SMU3）分别与 OFET 的源极、漏极和栅极连接起来。根据测试程序，半导体测试仪给器件施加电压和接收器件的电信号，从而测试器件的电学特性。对 OFET 的性能进行测试时，一般测试 OFET 的转移特性曲线和输出特性曲线。对转移特性曲线和输出特性曲线的数据进行推导和计算，可以得到器件的电流开/关比、迁移率、阈值电压、亚阈值电压、饱和电压等性能参数，具体的推导过程和计算方法详见“1.2.4　有机场效应晶体管的性能指标”部分，此处不赘述。以下简单介绍转移特性曲线和输出特性曲线的测试方法。

2.7.2　转移特性曲线的测试方法

(1) 将 OFET 放置于载物台上，通过调节载物台三方向旋钮和探针座三方向旋钮，使三电极（SMU1、SMU2、SMU3）分别与 OFET 的源极、漏极和栅极连接。

(2) 打开半导体测试仪，启动 EasyEXPERT 测试软件，进入操作界面。在“My Favorite”菜单中找到“Experimental Technical”文件夹，调用已有测试程序（ID-VG）[①]。测试程序编辑界面包括“Channel”“Measurement”“Function”“Auto Analysis”“Display”五部分。在对 OFET 的转移特性进行测试时，需要对“Channel”“Measurement”“Display”三部分进行编辑。

在 Channel 编辑界面，根据各个电极的连接情况，分别定义 SMU1、SMU2 和 SMU3 的属性。如图 2.87 所示，SMU1 接地电极，SMU2 为恒定常量，SMU3 为变量。由三电极的设置情况可知，SMU1 为源极，SMU2 为漏极，SMU3 为栅极。

① 通过 Classic Test→I/V Sweep→Select 新建一种测试方法，参数设置界面与已有测试程序的编辑界面一样，分别在“Channel”“Measurement”“Display”模块逐项设置测试参数。

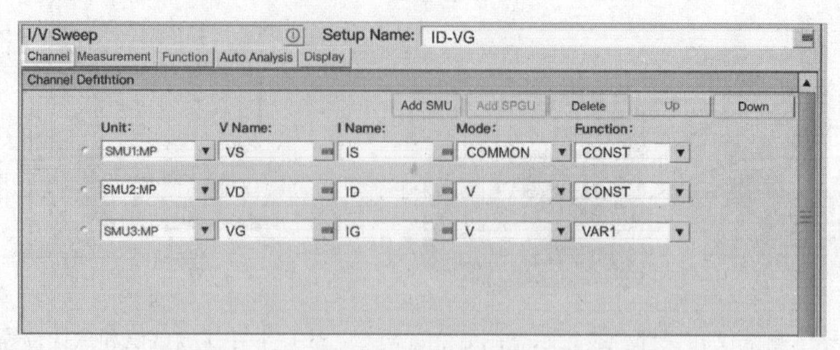

图 2.87　转移特性测试时的 Channel 编辑界面

在 Measurement 编辑界面（图 2.88），根据器件的性质对 SMU3（栅极）的电压扫描范围、步长和 SMU2（漏极）的电压值等参数进行设置。

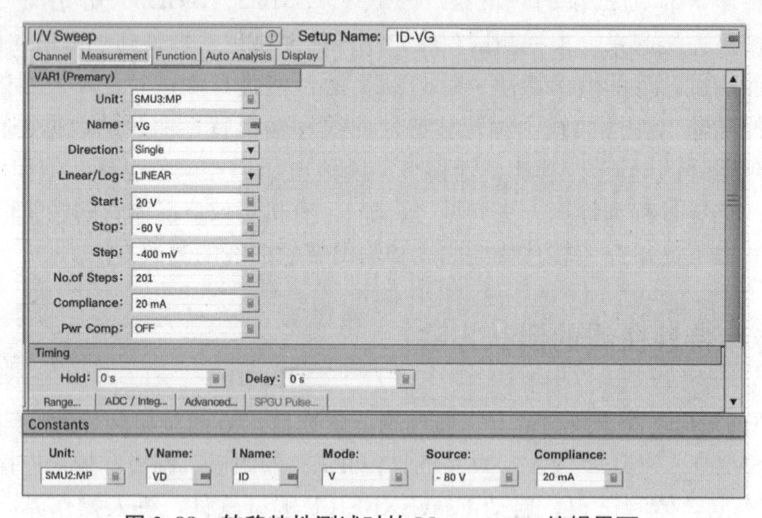

图 2.88　转移特性测试时的 Measurement 编辑界面

Display 编辑界面如图 2.89 所示。在此编辑界面设置实时显示性能参数的范围和种类。

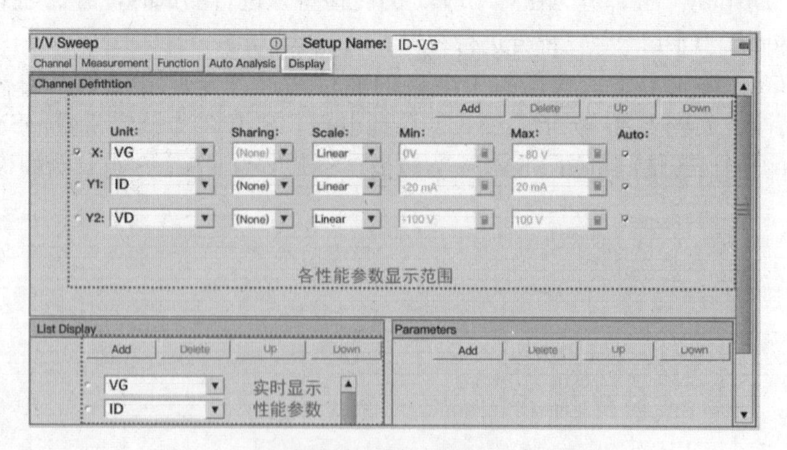

图 2.89　转移特性测试时的 Display 编辑界面

(3) 设置完毕，点击 ▶ ，开始测试，测得器件的转移特性曲线（I_d-U_g 曲线）。

(4) 测试完毕，在 Measurement 编辑界面改变源漏电压，测得不同源漏电压对应的转移特性曲线（I_d-U_g 曲线）①。

(5) 调整探针台的探针杆，用相同的方法测定不同器件的转移特性。

(6) 调节探针杆和载物台，取下 OFET，依次关闭 EasyEXPERT 测试软件和半导体测试仪。

测试完毕后对某一饱和源漏电压下的转移特性曲线进行数据处理，可以得到器件的迁移率、阈值电压等性能参数。各项参数的推导和计算方式在“1.2.4　有机场效应晶体管的性能指标”中已经进行了阐述，此处不赘述。

2.7.3　输出特性曲线的测试方法

OFET 输出特性曲线的测试方法与转移特性曲线的测试方法类似。在测试 OFET 的输出特性曲线时，源漏电压为变量（SMU2），栅电压为常量（SMU3），从而测得器件的 I_d-U_d曲线（输出特性曲线）。具体的操作和编辑步骤如下：

(1) 将器件放置于载物台上，通过调节载物台的三方向旋钮和探针座的三方向旋钮，使三电极（SMU1、SMU2、SMU3）分别与 OFET 的源极、漏极和栅极连接。

(2) 打开半导体测试仪，启动 EasyEXPERT 测试软件，进入操作界面。在“My Favorite”菜单中找到“Experimental Technical”文件夹，调用已有测试程序（ID-VD）。测试程序编辑界面主要包括“Channel”“Measurement”“Function”“Auto Analysis”“Display”五部分。在对 OFET 的输出特性进行测试时，需要对“Channel”“Measurement”“Display”三部分进行编辑。

在 Channel 编辑界面，根据各个电极的连接情况，分别定义 SMU1、SMU2 和 SMU3 的属性。如图 2.90 所示，SMU1 为接地电极，SMU2 为变量，SMU3 为常量。由三电极的设置情况可知，SMU1 为源极，SMU2 为漏极，SMU3 为栅极。

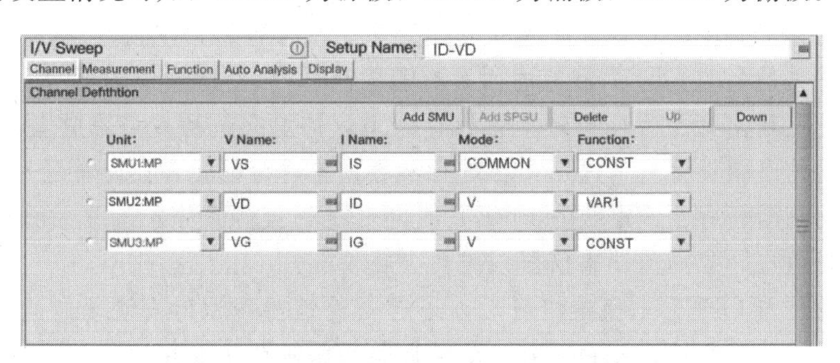

图 2.90　输出特性测试时的 Channel 编辑界面

在 Measurement 编辑界面（图 2.91），根据器件的性质对 SMU2（漏极）的电压扫

① 测试时点击 ▶+ ，数据叠加，显示不同源漏电压下的转移特性曲线，便于分析不同源漏电压下器件的转移特性。

描范围、步长和SMU3（栅极）的电压值等参数进行设置。

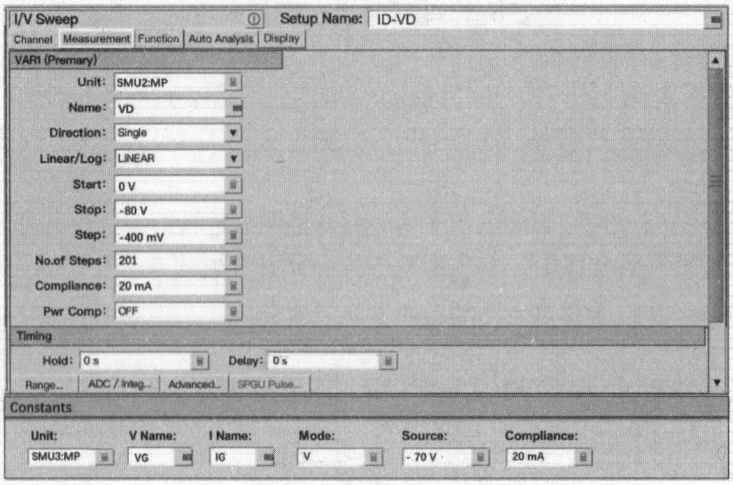

图 2.91　输出特性测试时的 Measurement 编辑界面

Display 编辑界面与其他测试程序的 Display 编辑界面一样，设置测试过程中实时显示性能参数的范围和种类。

（3）设置完毕，点击 ▶ 开始测试，测得器件的输出特性曲线（I_d-U_d曲线）。

（4）测试完毕，在 Measurement 编辑界面改变栅电压，测得不同栅电压对应的输出特性曲线（I_d-U_d曲线）①，可全面了解和分析 OFET 器件的场效应。

（5）调整探针台的探针杆，测定不同器件的输出特性。

（6）调节探针杆和载物台，取下半导体器件，依次关闭 EasyEXPERT 测试软件和半导体测试仪。

思考题

（1）简述有机场效应晶体管的基本工作原理。

（2）不同沟道长度的场效应晶体管的迁移率、阈值电压、电流开/关比等性能参数是否一样？常见的影响 OFET 性能的因素有哪些？

（3）在测定输出特性曲线和转移特性曲线时，P 型有机场效应晶体管和 N 型有机场效应晶体管的参数设置有何区别？在进行参数设置时为何会存在此种区别？

（4）如何判断探针台的电极与 OFET 的电极是否接触正常？测试后发现器件电流很小或者无场效应，应如何调整仪器以避免上述情况？

（5）当探针与 OFET 电极连接好后，进行器件性能测试时发现器件电流很大且无场效应，哪些原因可能造成此种现象？如何调整才能避免此现象？

① 测试时点击 ▶+，数据叠加，显示多次测量性能参数。

2.8　台阶仪

2.8.1　台阶仪简介

台阶仪是样品表面镀层、微细结构和纳米薄膜厚度测试分析的常用仪器。台阶仪通过机械探针与被测表面接触，在探针力作用下扫描台阶表面，台阶上下高低变化被探针检测并转换为电信号，经过滤波和放大处理传输给记录仪，绘制出台阶轮廓曲线，按照仪器设置的放大倍率对应记录系统上的高度当量值，评估台阶高度。当台阶仪数据处理系统采用数字化技术后，仪器不仅可以通过计算机处理调节样品的水平度，而且可以提高测量的分辨率、重复性及数据采集的自动化程度和数据的可靠性。

本节主要对台阶仪的操作方法和校准方法进行针对性技能培训。台阶仪可精确测定薄膜厚度，是校正高真空镀膜机的 Tooling Factor 参数、优化旋涂制膜条件等研究过程中必不可少的测试仪器。台阶仪（Bruker Nano，DektakXT）的校准方法和操作方法将在后面进行详细的讲解。操作技能培训中使用的台阶仪的外观和内部结构如图 2.92（a）和（b）所示。载物台和样品定物台如图 2.92（c）所示。

（a）台阶仪的外观

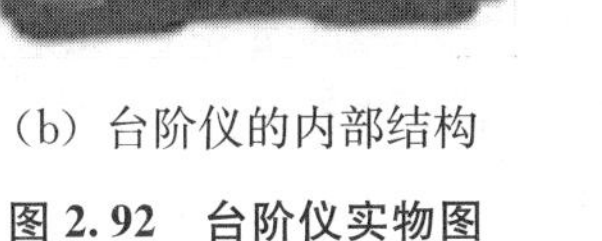

（b）台阶仪的内部结构

（c）载物台和样品定物台

图 2.92　台阶仪实物图

2.8.2　台阶仪的操作技能培训

2.8.2.1　台阶高度测试

（1）启动空气压缩机：打开空气压缩机前必须检查箱体内油量。

（2）开启台阶仪及附件，将仪器预热 15～30 min。开机的基本流程：①检查并确保所有连接线正常；②接通电源开关，开启计算机主机和显示器；③释放紧急按键，按箭头指示方向旋转；④打开 PROFILER 操作手柄上的开启按钮；⑤开启测试软件。

（3）设置测试参数。测试参数设置模块主要包括“Measurement Options”和“Advanced Options”两部分。

在 Measurement Options 参数设置界面设置探针类型、扫描长度、扫描时间、分辨率、探针力、测试深度等参数，如图 2.93 所示。各项测试参数的具体设置方法如下：①Scan Type（扫描形式）：一般选择 Standard Scan；②Length（扫描长度）：扫描范围为 50～55 mm，根据待测台阶宽度设定此测试参数，设置此参数时切勿超过仪器默认的扫描范围；③Range（范围）：仪器设置参数包含 6.5 μm、65 μm、524 μm 和 1 mm 四种，根据样品厚度选取测量深度；④Duration（扫描时间）：500 μm 至少 10 s，根据实验需求设置此扫描参数，一般而言，扫描时间越长，扫描速度越慢，扫描的结构越精细；⑤Profile（测试轮廓）：包括 Hills（凸起台阶）、Valleys（凹陷台阶）、Hills And Valleys（凸凹样品），根据测量样品的形貌和具体要求选择测试轮廓，一般系统默认的测试模式是 Hills And Valleys；⑥Resolution（分辨率）：每秒采集 300 data point，扫描时间越长，分辨率越佳；⑦Stylus Type（探针型号）：根据台阶仪的探针型号设置本参数；⑧Stylus Force（探针力设置）：设定范围可设置 1～15 mg 范围内的任意值，一般建议使用 3～5 mg。

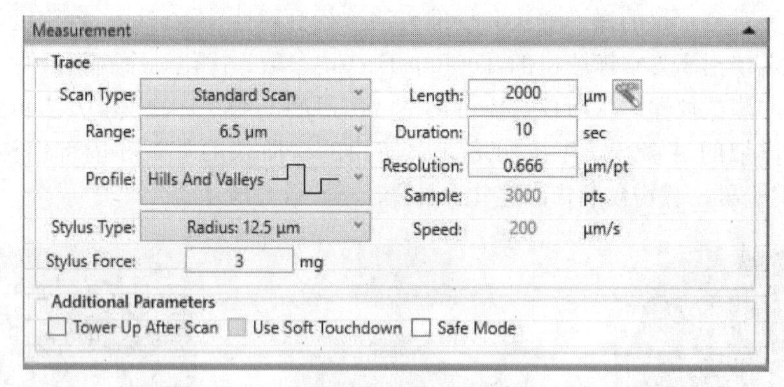

图 2.93　Measurement Options 参数设置界面

在 Advanced Options 参数设置界面需要设置的相关参数如下：①Measurement（测量次数）：默认是一次，也可设置为多次重复扫描；②Data（数据保存）：一般选择 Auto Save（自动保存）；③Starting Measurement Number（起始测量值）：从几开始；④Auto Save File Name（自动保存文件名）：设置数据保存路径；⑤Insert Macro（插入宏）：一般选择 seq，也可以多选，插入位置为文件名后、后缀名前。

（4）仪器预热和参数设置完毕后，放入样品，进行测试。测试的工具栏如图 2.94 所示。

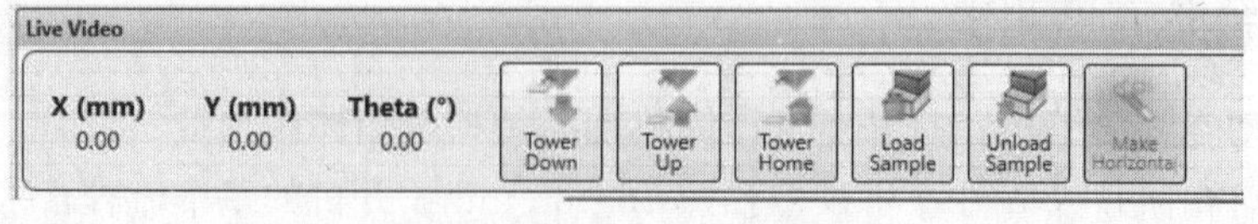

图 2.94　Live Video 工具栏

放置样品的基本操作如下：

①点击“Unload Sample”，此时探针复位，载物台自行推出，将样品放入载物台中心位置。

②点击“Load Sample”，载物台复位。

③点击“Tower Down”，探针慢慢下降，手动调节载物台的调节旋钮，确保探针降落至样品表面。探针接触样品后自行弹开。

④在软件的观察影像窗口观察下针位置（十字光标位置为下针位置），手动调节载物台的调节旋钮，调整测试位置和水平度。调整完毕后开始测试。点击“Measurement”，测试数据将自动保存。点击“Single Acquisition”，测试数据将不被自动保存。

开始扫描时，如果测试范围超出量程或者仪器出现突发情况，需要急停，点击“Cancel”或者直接按下紧急关闭按钮，如图 2.95 所示。当仪器停止，处理好故障或者消除隐患后，将紧急关闭按钮逆时针旋转，按钮弹起，解除仪器的急停状态，重新启动仪器和操作软件。

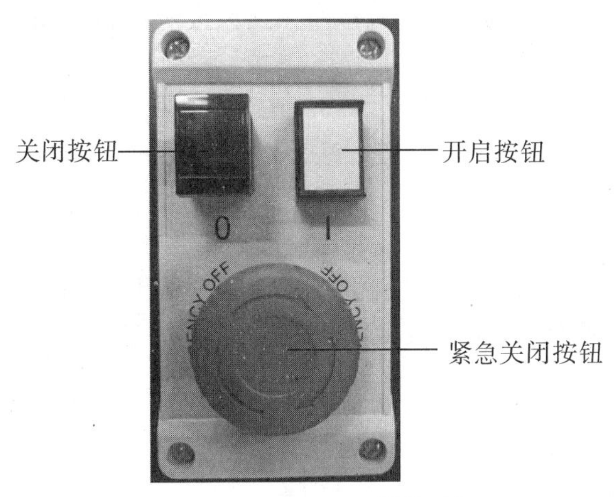

图 2.95　PROFILER 操作手柄

（5）数据处理：主要包括基线水平处理、台阶高度计算、数据实时观测、数据保存等。具体操作如下：

①基线水平处理：通过 R 线和 M 线进行操作，选取合适的位置进行基线水平处理。一般选取两个点或者两个区域进行拉平处理[①]。选取两个水平区域，点击工具栏中的“Data Leveling”（图 2.96），弹出设置窗口，选择“Two Point Linear Fit”。

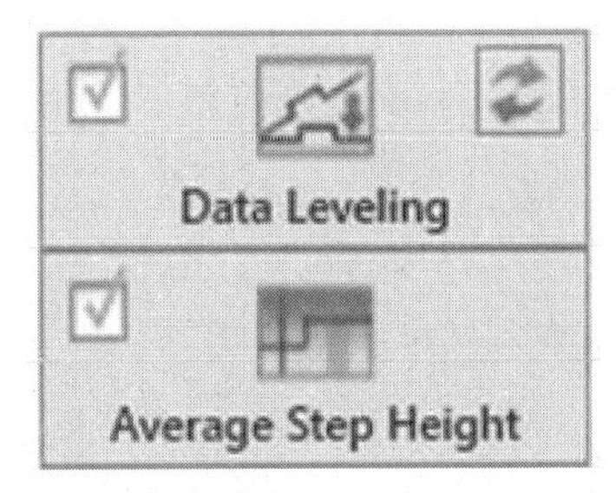

图 2.96　台阶高度数据处理工具栏

① 如果样品本身粗糙度比较大，台阶高度较小，拉平位置对测试结果影响较大。

②台阶高度计算：将R线放置在基线位置，将M线放置在台阶位置，点击工具栏中的“Average Step Height”，软件自动进行台阶高度计算。

③数据实时观测：在R线和M线移动或者变化时，“ASH”显示台阶高度实时变化数值，“Cursor Status”→“Δ”值也是实时变化数值。

④数据保存：数据保存方式有四种，（a）点击“Save”可保存原始数据文档，方便进行数据分析；（b）在数据窗口用右键点击数据可保存为CSV格式；（c）点击“Copy to Clipboard”可将数据复制到剪切板或者“另存为”图片格式；（d）使用系统自带的截图功能。

（6）测试完毕后按照以下步骤关闭仪器和软件等：

①点击“Tower Home”，探针复位。

②取出样品。

③依次关闭测试软件、PROFILER电源（黑色按钮）、电脑和电源。

2.8.2.2 粗糙度测试

粗糙度测试与台阶高度测试的常规方法一样，仅数据处理部分有所不同。粗糙度测试的基本操作如下：

（1）按照单次测量的步骤扫描样品表面，测得相关数据。

（2）利用R线和M线进行基线校准和调整粗糙度测量区间。

（3）在数据分析界面勾选“Roughness”左上方的方框，点击“Roughness”图标，如图2.97所示。

图2.97 Roughness粗糙度数据处理工具栏

（4）弹出设置参数对话框，在对话框中进行粗糙度参数设置。在弹出对话框的“Long Cutoff”栏目下选择“Use Standard Cutoff”，一般选择0.08 mm进行滤波。一般情况下只设置“Roughness Profile”，根据测试需要设置相关参数。粗糙度参数设置界面如图2.98所示。

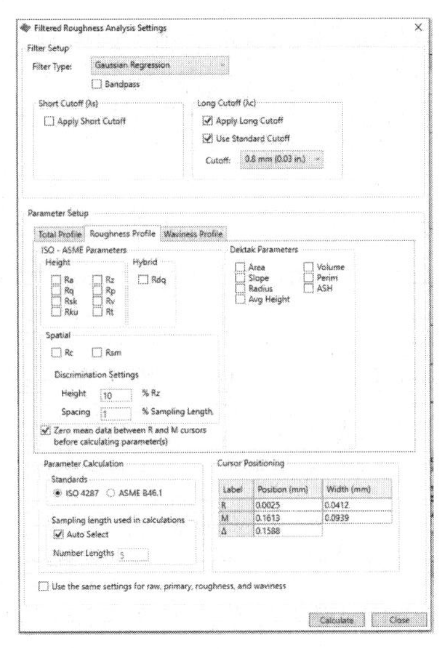

图 2.98　粗糙度参数设置界面

(5) 根据设置参数可计算出选定区域的粗糙度值①。

粗糙度参数设置界面包含多项粗糙度参数，在此简单介绍各项参数的意义：

①Ra：轮廓的算术平均偏差。在所取长度内，被测实际轮廓上的点到轮廓中线偏差绝对值的算术平方和的距离。

②Rq：均方根粗糙度，比 Ra 稍大一些。

③Rsk：轮廓高度幅值曲线上相对平均线的不对称（歪斜）计量。在取样长度范围内，坐标值 Z(x) 的平均立方值与 Rq 的立方的商。

④Rku：粗糙度峰度（协调程度，概率密度函数）。Rku>3，表示峰和谷较尖锐；Rku<3，表示峰和谷较钝化。

⑤Rz：取 10 个点（5 个峰值和 5 个谷值）之和除以 5。标准评价长度是 5 个基准长度。一个 Rz 值在一个基准长度内求得。评价区间内的 Rz 值是全部基准长度内测量值的平均值。

⑥Rv：轮廓最大的波谷深度。

⑦Rp：轮廓最大的波峰高度。

⑧Rt：轮廓最大的高度 Rt = Rv + Rp。

⑨ASH：平均台阶高度。

2.8.2.3　自动台阶测试

自动台阶测试功能主要用于分析台阶较多的样品。由于台阶数较多，手动测试过于烦琐。此项测试可以分析每个台阶的高度、坡度、波峰值、波谷值、台阶宽度等信息。自动台阶测试的具体步骤如下：

---

① 计算出的粗糙度值是 R 线和 M 线之间区域的粗糙度值。使用 R 线和 M 线调整测量区间，所得粗糙度值与 R 线和 M 线选取区间有关，但与其自身宽度无关。

（1）按照单次测量的步骤扫描样品表面，测得相关数据。

（2）对所得数据进行分析。勾选“Step Detection”左上方的方框，点击“Step Detection”图标，弹出参数设置对话框。对台阶的相关参数进行设置，可得出相应参数的数据。

在“General Settings”框中勾选“First Step”后，代表设置X轴起始和终止范围内检测完第一个台阶就停止检测，此时弹出“First Step”参数设置窗口（图2.99），各项参数的意义如下：

①Height：设置所检测台阶的最大高度值，单位为“nm”。

②Width：设置所检测台阶的最大宽度值，单位为“μm”。

③Distance to Step：设置M光标和R光标与台阶的距离。

④Band Width：设置M光标和R光标的宽度值。

⑤Smoothing：该参数用于对台阶的光滑处理。原则是输入较大的值得到更光滑的平面，输入较小的值用于检索纳米级别高度的潜在台阶。参数值与扫描的台阶高度有联系，单位为“nm”。此参数的意义是在低于输入值的台阶无粗糙度处理。

⑥Tolerance：选择或者输入用于计算匹配台阶高度和宽度的误差因数的百分比。

⑦+Step/−Step：“+”代表检测上升的台阶，“−”代表检测下降的台阶。

⑧根据需要勾选所需参数，设置光标相对于台阶的位置和光标的宽度值。

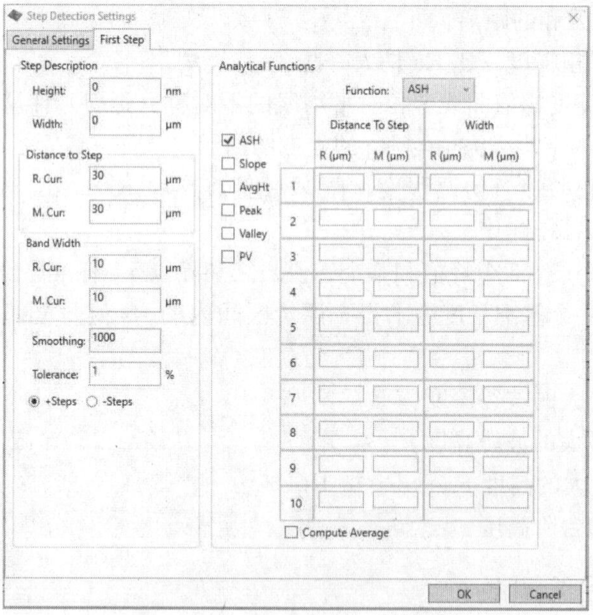

图2.99　First Step参数设置界面

在“General Settings”框中勾选“Every Step”后，代表设置X轴起始和终止范围内记录所有可以检测到的台阶。与“First Step”相比，增设“Max. Number of Step”参数。该参数是设置程序能自动检测到台阶的最大数量，系统默认的台阶数量为20个。各项参数的意义如下：

①Start Position：该参数设置程序检测第一个台阶在X轴的初始位置。

②End Position：该参数设置程序检测最后一个台阶在 X 轴的结束位置。

③Automatic Leveling（自动拉平）：通过设置 R（Reference）和 M（Measurement）两个光标的拉平位置作为模板，检测后面所有台阶的拉平位置。

④Following First Edge（第一个台阶后）和 Following Last Edge（最后一个台阶后）的 X 轴的位置。

2.8.3 台阶仪的校准和维护

在台阶仪使用过程中需要定期对仪器参数进行校准和维护。台阶仪校准操作包括探针力校准、十字光标校准、Z 轴（垂直方向）校准。台阶仪使用过程中出现以下情况时需要对台阶仪进行校准操作：①更换探针后需要依次进行探针力校准、十字光标校准和 Z 轴（垂直方向）校准；②“Tower Home”状态清洁探针后，按照上述顺序对台阶仪进行校准；③当进行“Tower Down”操作时，探针的针尖未能准确对准十字光标中心，需要对仪器进行十字光标校准；④调节摄像头后需要对仪器进行十字光标校准；⑤单次扫描标准块后测定误差大于 2 nm 时，需要依次进行探针力校准、十字光标校准和 Z 轴（垂直方向）校准；⑥多次扫描样品，所得数据的标准偏差大于 5 Å，需要对仪器进行 Z 轴（垂直方向）校准。

2.8.3.1 探针力校准

探针力校准的作用：①更换探针后，由于机械原因，无法确保探针安装后可保持水平，探针力校准使探针在传感器中保持水平；②探针力校准使探针扫描时拥有精准的压力值；③同一传感器更换探针，探针力校准可检验探针或者传感器是否正常。

探针力校准的基本步骤如下：Instrument→Stylus Force Calibration，出现如图 2.100 所示的窗口，点击“Auto Calibrate...”出现自动校准窗口，仪器进行自动校准，校准完毕后点击“Done”，完成探针力自动校准。

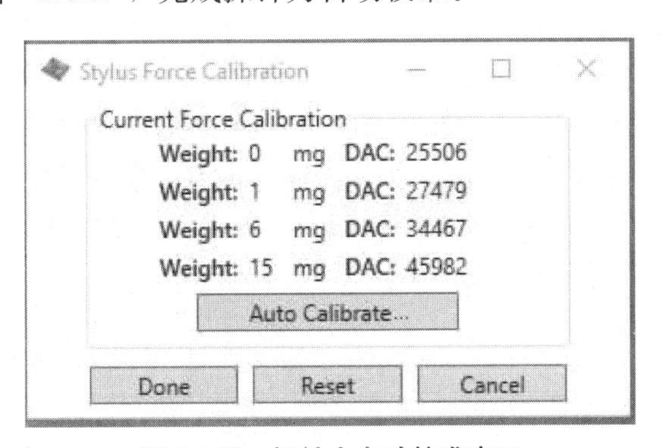

图 2.100　探针力自动校准窗口

2.8.3.2 十字光标校准

十字光标校准的作用包括确定探针在样品表面的下针位置，确定探针在样品表面的扫描路径，确定探针在样品表面的扫描长度。十字光标校准的具体操作如下：

(1) 在 Live Video 界面单击鼠标右键，选择 Stylus Reticule→Align，操作界面如图 2.101 (a) 所示。

(2) 探针自动下针后落到样品表面，探针不弹开，如图 2.101 (b) 所示。

(3) 用鼠标点击探针针头与投影的交点处，探针自动弹开，完成十字光标校准操作[①]。

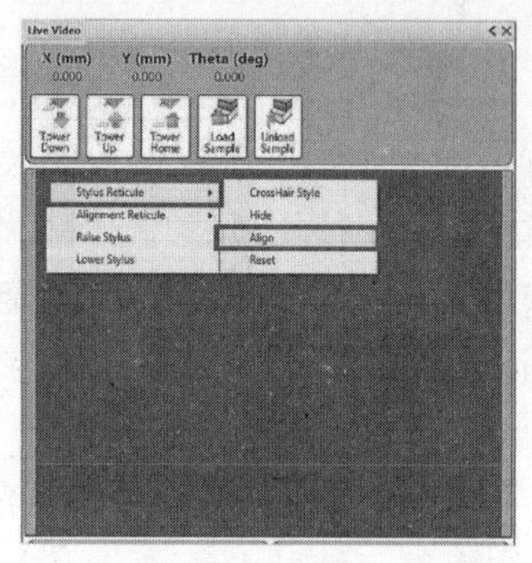

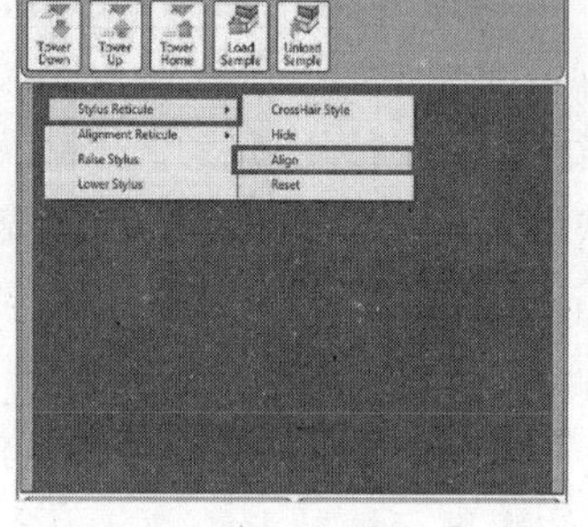

(a) 调用十字光标校准方法界面

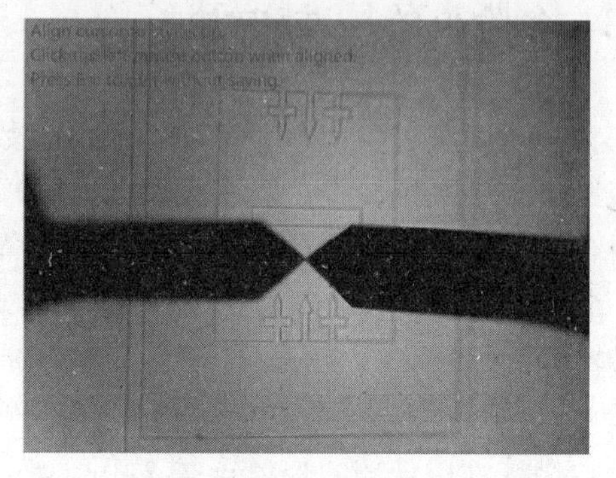

(b) 十字光标校准 Live Video 界面

图 2.101 Live Video 光标校准过程

2.8.3.3 Z 轴校准

Z 轴校准的作用：①单次扫描标准块测得高度误差大于 2 nm，校准可减小偏差；②重复扫描所得数据的标准偏差大于 5 Å，校准可有效降低误差；③与仪器进行 NULL 校准配合使用，校准后测得数据正常，证实 NULL 值适合。

在进行 Z 轴校准之前需要按照台阶高度测试方法，在所需测定量程下测定标准块台阶高度值，例如标准块台阶高度的测量值为 972.58 nm，而标准块台阶高度的认证值为 973.6 nm (标准块的标注高度值)。

进行 Z 轴校准的基本操作如下：Instrument→Vertical Calibration，将出现如图 2.102 所示的窗口。在"Certified Value"一列对应的量程内输入标准块台阶高度的认证值，在"Measured Value"一列对应的量程内输入标准块台阶高度的测定值，单击最右侧的"New Calibration Factor"将出现新校正值，点击"OK"，完成 Z 轴校准操作。采用其他量程进行测试时，利用同样的方法对仪器的 Z 轴重新进行校准。

① 点击的位置为十字光标的十字交叉点，作为扫描时探针的下针点。

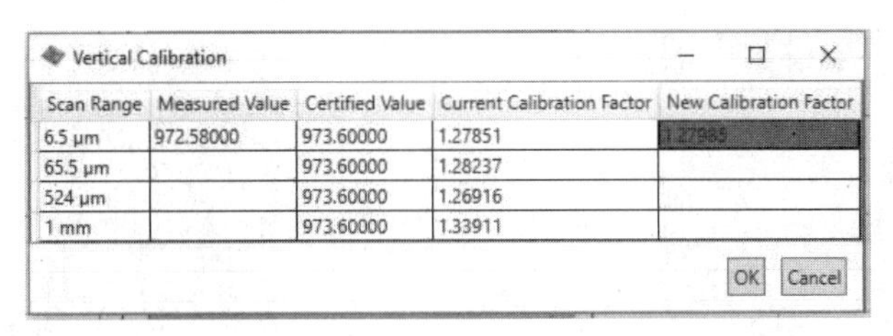

图 2.102　Z 轴校准窗口

2.8.3.4　维护和保养

在台阶仪使用过程中除了需要定期校准，还需要维护与保养。常见的保养包括探针清洁、标准块清洁、超光滑平面清洁等工作。

探针的清洁方式有多种，根据探针表面污物的性质选择清洁方式：

（1）点击“Tower Home”，探针处于复位状态。移除测试样品，使用去离子水或异丙醇沾湿脱脂棉棒，顺探针方向轻轻擦拭清除异物。

（2）必要时可使用柔软超细鬃毛刷清除异物，但不能使用空气枪或者氮气吹除污物。

（3）使用乙醇或者异丙醇打湿无尘纸进行“Tower Down”操作，来回下针多次，对针头进行清洁处理。

当标准块表面落入灰尘时需及时清理。清洁时可使用脱脂棉棒蘸取去离子水、乙醇或异丙醇，顺着一个方向轻轻擦拭标准块表面，也可以使用柔软超细鬃毛刷清除异物，但是不可使用空气枪或者氮气吹除标准块表面的污物。

超光滑平面需要定期清理，清理的基本过程如下：

（1）点击“Tower Home”使探针复位。

（2）移除所有测试样品。

（3）使用脱脂棉棒蘸取去离子水、异丙醇或者乙醇①，轻轻擦拭超光滑平面；用乙醇或者异丙醇打湿无尘纸顺着一个方向擦拭。

当需要取下探针对其进行更换或者清洗时，取探针的基本步骤如下：

（1）使探针处于“Tower Home”状态，转动探针头左侧的螺母［图 2.103（a）］，取下挡板。

（2）调节探针更换工具，使其处于无磁性状态，如图 2.103（b）所示。使探针更换工具紧扣探针下方，尤其是确保探针更换工具尾部紧密接触探针下方，如图 2.103（c）所示。

（3）调节探针更换工具，使其处于有磁性状态②，如图 2.103（b）所示。

（4）将探针置于探针盒内，针头向下放入探针盒孔内，保护探针。关闭探针盒，妥善保存。

① 由于乙醇或者异丙醇易挥发、干燥较快，所以一般用乙醇或者异丙醇进行擦拭。

② 探针在更换装置上时必须保持装置的磁性，防止探针脱落而损坏探针。

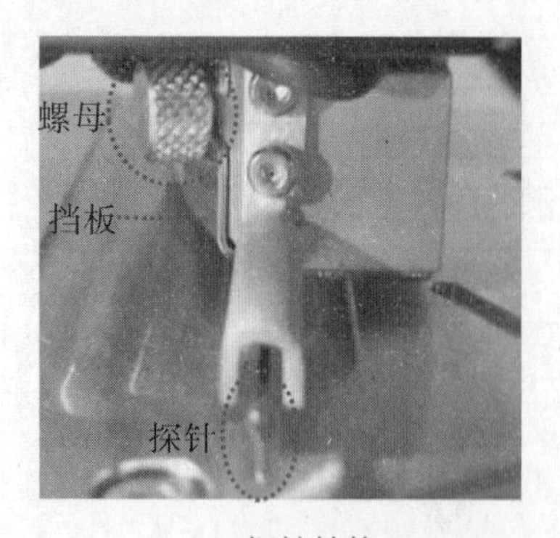

(a) 探针结构

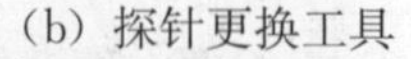

(b) 探针更换工具

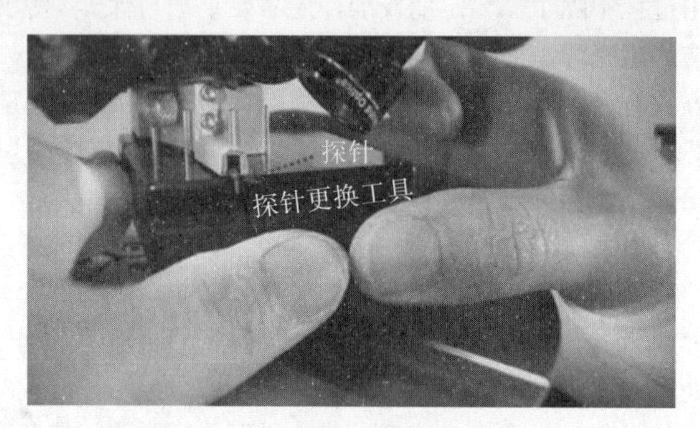

(c) 更换探针操作

图 2.103　台阶仪探针更换示意图

当遇到测试软件死机现象时，尝试关闭软件，重新启动测试软件或者重新启动电脑。在测试过程中，如果遇到突然断电，探针正在样品表面测试，不要移动或者处理测试样品，以免损坏探针。待供电正常后，重新启动台阶仪和电脑软件，探针将自动复位。此外，灰尘、水雾、电压、震动、磁场等因素可能会影响仪器的测量结果。

思考题

(1) 当标准块表面有浮尘时，如何清理标准块表面？是否可以直接用洗耳球吹除其表面的浮尘？

(2) 在测试样品时，点击“Tower Down”后，探针下降过程中发现探针无法降落到样品表面，如何才能避免探针受损？

(3) 测试过程中如果发现探针的针头部位有很多污物，如何清理？清理完毕后是否需要对探针力进行校准？

(4) 测试过程中发现样品台倾斜，是否会影响测试结果？如何调整样品台的水平度？

(5) 在进行单次扫描时，如何调整仪器或者测试参数才可以避免测试高度超量程的情况发生？

第3章　基础实验

本章包含六个基础实验，分别为高真空镀膜机的Tooling Factor标定、有机光电材料能级参数的测定、相对荧光量子产率的测定、阳极界面修饰对单空穴器件电学性能的影响、TADF-OLED制备和性能测试、OFET制备和性能测试。通过基础实验教学可以使学生掌握有机光电器件制作工艺和性能测试技术，提高学生的动手能力，培养学生本领域的基本操作技能。

3.1　高真空镀膜机的Tooling Factor标定

【实验目的】

（1）学习高真空镀膜机的基本结构和工作原理，熟练操作高真空镀膜机。

（2）熟悉台阶仪的基本结构和工作原理，熟练操作台阶仪进行台阶高度测试。

（3）学习高真空镀膜机Tooling Factor参数的意义，掌握Tooling Factor标定方法和计算方法。

【实验原理】

高真空镀膜机的基本工作原理是在高真空状态下加热蒸镀材料，使材料升华或者蒸发，充满整个腔室。大部分材料附着于腔室壁上，一部分材料挥发至基板表面形成所需的薄膜，一部分材料挥发至晶振探头表面用于监测蒸镀速率和膜厚。高真空镀膜机的加热源将材料加热到临界条件，继续加热，材料开始蒸发，蒸发材料的空间分布如图3.1所示。膜厚与距离的平方成反比，与角度余弦的1/2次方成正比，所以位于蒸发材料正上方的膜最厚，水平方向膜厚为0。膜厚与距离、角度的关系用公式表示为：

$$h=\frac{\sqrt{\cos\theta}}{r^2} \tag{3-1}$$

式中：h为基板表面的膜厚；r为基板与蒸发源的距离；θ为基板和加热源中心连线与蒸发源中线的角度值。

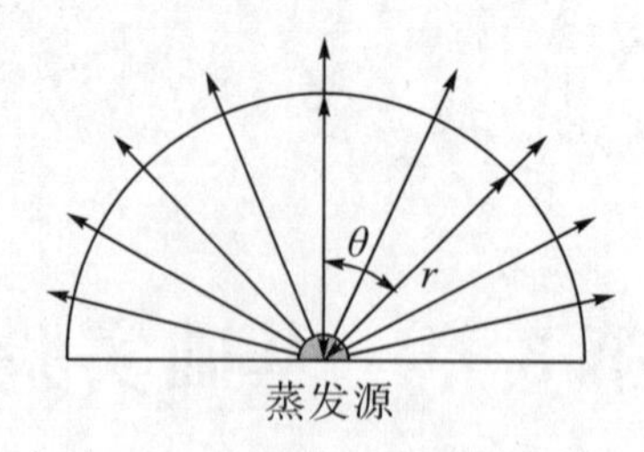

图 3.1　蒸发材料的空间分布

晶振探头、基板、蒸发源的空间位置（图 3.2）一旦确定，基板表面和晶振片表面的膜厚的比例关系就确定下来。它与蒸发材料无关，称为 Tooling Factor（ψ 或者 Film Tooling），用公式表示为：

$$\psi=\frac{h_1}{h_2}=\frac{\dfrac{\sqrt{\cos\theta_1}}{r_1^2}}{\dfrac{\sqrt{\cos\theta_2}}{r_2^2}}=\frac{r_2^2}{r_1^2}\cdot\sqrt{\frac{\cos\theta_1}{\cos\theta_2}} \tag{3-2}$$

式中：ψ 为 Tooling Factor 参数；h_1、h_2 分别为晶振探头和基板表面的薄膜厚度；r_1、r_2 分别为晶振探头、基板与蒸发源的距离；θ_1、θ_2 分别为晶振探头、基板与蒸发源中线的角度值。

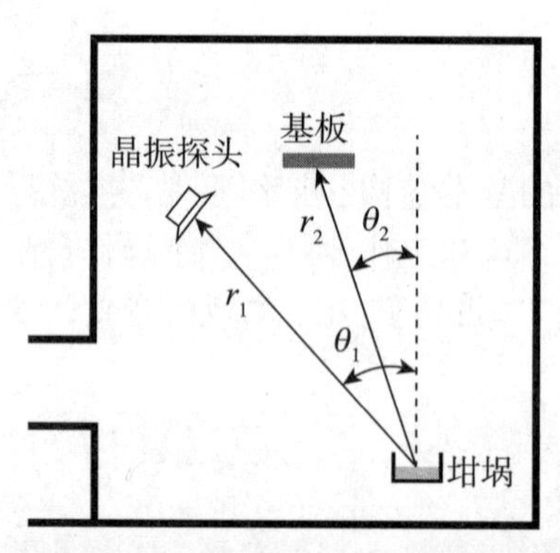

图 3.2　蒸发源与晶振探头和基板的位置关系

当样品台（基板）旋转时，同心圆上的膜厚都是一致的，而基板中心与基板边缘的膜厚不同。所以，高真空镀膜机的晶振探头、基板、蒸发源的相对位置发生变化后需要校正 Tooling Factor。Tooling Factor 的校正公式为：

$$\psi_x=\frac{h_x}{h_0}\cdot\psi_{or} \tag{3-3}$$

式中：h_x 为实际测定薄膜厚度（实际厚度）；h_0 为设定的薄膜厚度（理论厚度）；ψ_{or} 为当前薄膜控制仪的 Tooling Factor；ψ_x 为校正后的 Tooling Factor。

【实验试剂与仪器】

1. 试剂和材料

三（8－羟基喹啉）铝（Alq_3），高纯铝［中诺新材（北京）科技有限公司，

≥99.999%]，光学玻璃清洗碱液，图形化的 ITO 玻璃[①]，掩膜板[②]。

2. 仪器

超声清洗仪（宁波新芝生物科技股份有限公司，SB-120D），高真空镀膜机（Angstrom Engineering，Nexdep），台阶仪（Bruker Nano，DektakXT），万用表。

【实验部分】

1. 基板清洗

（1）5%碱液 70℃超声清洗 10 min，去除表面的污染物。

（2）去离子水 60℃超声清洗 10 min，用同样的方法清洗两次，去除表面的洗涤剂。

（3）去离子水煮沸 5 min，超声清洗 10 min。

（4）去离子水常温超声清洗 10 min，用同样的方法清洗两次。清洗完毕后，ITO 基板应透明且不挂水珠，否则重复上述清洗步骤。

（5）将清洗完毕的 ITO 基板置于烘箱内 120℃干燥 2 h，确保基板完全干燥。

将清洗干净的 ITO 基板置于等离子体清洗机中，等离子体处理 10 min。等离子体清洗机工作条件：功率为 90%，工艺气体为高纯氧气，腔室压力为 0.3～0.4 mbar。

2. 薄膜蒸镀

（1）按照高真空镀膜机的操作规程依次开启工作气、电脑和循环冷凝机。

（2）放置蒸镀材料：在待标定的有机加热源上放置 Alq_3 材料，在待校正的金属源上放入高纯铝。

（3）放置基板：在样品台上依次放入掩膜板和 ITO 基板（ITO 面向下）。

（4）设置蒸镀工艺程序：根据材料的性质设置校正加热源的蒸镀工艺参数，各蒸镀工艺参数见表 3.1。

表 3.1　薄膜蒸镀条件

材料	蒸镀速率（Å/s）	目标厚度（nm）	精度阈值（%）	最大加热功率（%）	加热源开始工作时的真空度（Pa）
Alq_3	1	100	10	18	6×10^{-4}
Al	1	100	12	46	3×10^{-4}

根据材料的蒸镀条件编辑蒸镀工艺程序，完成高真空镀膜实验，并将镀膜实验参数记录于表 3.2。

---

① 抛光的单晶硅片、云母片、石英片和 ITO 玻璃都可以作为镀膜基板。由于 ITO 表面平整、成膜性良好，可在 ITO 表面蒸镀薄膜用于校正各个加热源的 Tooling Factor。

② 金属掩膜板和有机掩膜板均可。

表 3.2　镀膜实验记录表

校正加热源	当前薄膜系数（ψ_{or}）	材料	蒸镀速率（Å/s）	速率稳定时的温度或者功率（℃或%）	理论膜厚（nm）	腔室真空度（Pa）

3. 膜厚测量

（1）按照台阶仪的操作规程依次开启台阶仪的电源、电脑和操作软件，检查气浮台的空气压缩机是否处于正常工作状态。

（2）检查台阶仪的工作状态，判断是否需要进行校正。如果需要校正，在测试前按照“2.8.3　台阶仪的校准和维护”部分的校准方法对台阶仪进行校准操作。

（3）制膜基板处理：基板制膜后，用尖头镊子在蒸镀膜层表面的中间位置制造一条划痕，以测量薄膜中间厚度。为了更好、更全面地了解薄膜情况，分别从薄膜的边缘和中间进行采点测试（测试区域如图 3.3 所示），以便了解不同区域薄膜厚度的分布情况。测量结果去除最大值和最小值后，取所测膜厚的平均值作为实际测定膜厚，将测量数值记录于表 3.3。

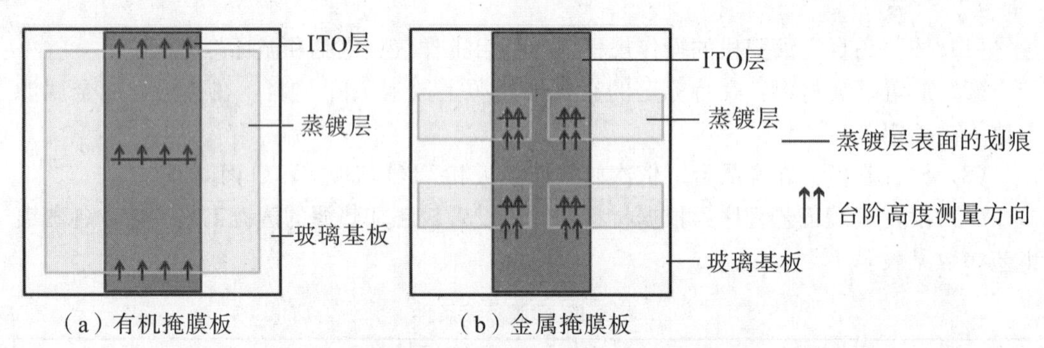

（a）有机掩膜板　　（b）金属掩膜板

图 3.3　使用不同的掩膜板成膜后台阶高度测试区域和采点测试情况

表 3.3　台阶高度记录表

加热源	台阶 1	台阶 2	台阶 3	台阶 4	台阶 5	台阶 6	台阶 7	台阶 8	台阶 9	台阶 10
测定膜厚										
平均膜厚										
Tooling Factor										

（4）当实际测量值（实际膜厚）与设定膜厚值（理论膜厚）相差较大时，对加热源的 Tooling Factor 进行标定后，再次利用相同的方法对该加热源的 Tooling Factor 进行标定，减小标定误差。直至实际膜厚与理论膜厚相当时，加热源的 Tooling Factor 标定完毕。

【实验课程安排】

本实验课程时长为 16 学时，实验教学内容分为三大模块逐步开展，包括基础理论讲授、技能培训和实验部分。本实验课程的教学内容和教学目的见表 3.4。

表 3.4　本实验课程安排表

<table>
<tr><th colspan="2">教学内容</th><th>教学目的</th></tr>
<tr><td colspan="2">基础理论讲授</td><td>学习薄膜构筑方法和薄膜厚度测试技术；了解高真空镀膜机、旋涂仪等制膜设备的应用领域和前景等</td></tr>
<tr><td rowspan="3">技能培训</td><td>高真空镀膜机</td><td>学习高真空镀膜机的基本结构和工作原理，熟练掌握高真空镀膜机的操作方法</td></tr>
<tr><td>台阶仪</td><td>学习台阶仪的基本结构和工作原理，熟练掌握台阶仪薄膜高度测试方法</td></tr>
<tr><td>等离子体清洗机</td><td>学习等离子体清洗机的基本结构和工作原理，熟练掌握等离子体清洗机的操作方法</td></tr>
<tr><td rowspan="3">实验部分</td><td>ITO 基板前处理</td><td>分别使用光学玻璃清洗剂和等离子体对基板进行清洗</td></tr>
<tr><td>构筑薄膜</td><td>使用高真空镀膜机分别制备有机薄膜和金属薄膜</td></tr>
<tr><td>膜厚测试</td><td>使用台阶仪分别测试各加热源制备的薄膜的厚度；根据测定数据分别计算各加热源的 Tooling Factor</td></tr>
</table>

思考题

（1）高真空镀膜机 Tooling Factor 的意义是什么？高真空镀膜机的加热源为何会产生 Tooling Factor？

（2）采用高真空热沉积法制备薄膜时，是否可以制备出厚度均匀的薄膜？在测量薄膜厚度时，为何不能仅以薄膜边缘厚度作为薄膜的厚度？

（3）在标定高真空镀膜机的 Tooling Factor 时，发现薄膜的实际厚度与理论厚度相差很大，为何会出现此种差异？如何避免上述情况出现？在标定 Tooling Factor 的过程中出现上述情况时，如何处理才能降低标定误差？

（4）在测量膜厚时，点击“Tower Down”后，发现探针无法降落到样品表面，如何处理才能避免探针受损？

3.2　有机光电材料能级参数的测定

【实验目的】

（1）学习有机分子能隙、HOMO 和 LUMO 等相关概念及其意义。

（2）了解电化学工作站的基本结构和工作原理，掌握电化学工作站的操作方法和注意事项。

（3）学习循环伏安法测定有机分子能隙、能级的基本要求和原理，熟练掌握电化学循环伏安法测定 HOMO 和 LUMO 的方法。

（4）熟练掌握紫外光谱法测定有机分子能隙的基本原理和利用紫外吸收光谱数据计算能隙的方法。

【实验原理】

最高占据能级（Highest Occupied Molecular Orbital，HOMO）为分子的填充轨道中能量最高的能级。最低空置能级（Lowest Unoccupied Molecular Orbital，LUMO）为分子的空置轨道中能量最低的能级。结合能带理论，HOMO 和 LUMO 分别为价带（Valence Band，VB）顶端和导带（Conducting Band，CB）底端。能带理论中能隙（带隙，E_g）是指价带顶端与导带底端的能量之差，即最高占据分子轨道和最低空置分子轨道的能量之差。材料最高占据分子轨道失去电子所需的能量为电离能（I_P），此时材料发生氧化反应；材料得到电子填充在最低空置分子轨道上所需的能量为电子亲和能（E_A），此时材料发生还原反应。基本过程如图 3.4 所示。有机电致发光材料能带的准确测定对于电致发光器件的研究至关重要。常见表征有机光电材料能带结构的方法包括：①紫外吸收光谱法：通过此方法可以得到有机分子的能隙；②量化计算的方法：通过此方法可以计算得到结构简单的材料的 HOMO 和能隙；③光电子发射光谱法：通过此方法可以测试出材料的 HOMO，但此类仪器尚未成熟，方法不具有普适性；④电化学方法：在电化学方法中常用的是循环伏安法，此方法具有仪器简单、操作方便等优点，通过此方法可以计算得到材料的能隙、HOMO 和 LUMO。

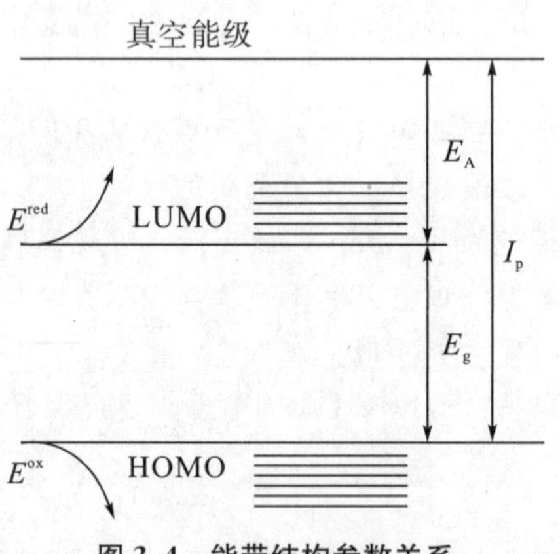

图 3.4　能带结构参数关系

电化学测试时，在电化学池中，有机分子在电极表面得失电子的基本过程如下：当给工作电极施加一定的正电位（相对于参比电极电位）时，吸附在电极表面的有机分子失去价带（HOMO）上的电子，发生电化学氧化反应。当施加更高的正电位时，电极表面的氧化反应持续进行，此时工作电极表面的有机分子发生电化学氧化反应的起始电位（E^{ox}）对应于有机分子的 HOMO。当给工作电极施加一定的负电位（相对于参比电极电位）时，吸附在电极表面的有机分子的导带（LUMO）得到电子，发生电化学还原反应。当继续增加此负电位时，电极表面的还原反应持续进行，此时工作电极表面的有机分子发生电化学还原反应的起始电位（E^{red}）对应于有机分子的LUMO。通过有机材料的循环伏安曲线可以得到有机分子的氧化起始电位（E^{ox}）和还原起始电位（E^{red}）。有机分子在电极表面的电化学过程如图3.5所示。

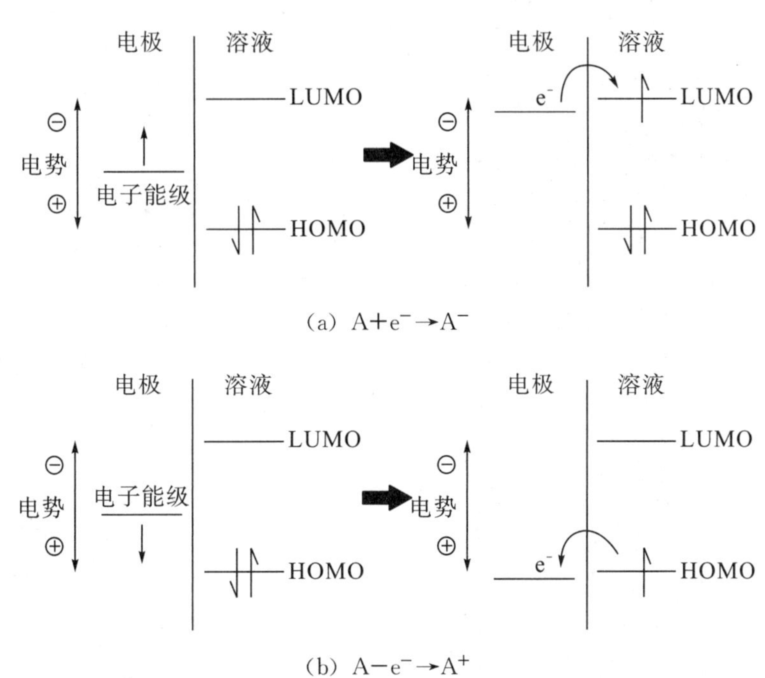

图3.5 溶液中有机分子A的还原过程和氧化过程

标准氢电极电位相对于真空能级为−4.5 eV，所以由电化学测试结果计算HOMO的公式为

$$E_{HOMO}=eE^{ox}+4.5 \tag{3-4}$$

然而，在实际的电化学测试中，参比电极一般不是标准氢电极，将以实际的参比电极进行计算。待测物A、标准物Fc/Fc^{+}和参比电极Ag/Ag^{+}之间的能级关系如图3.6所示。

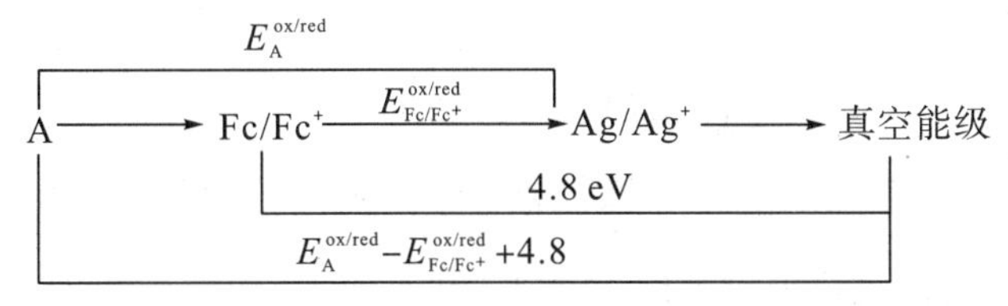

图3.6 待测物A、标准物Fc/Fc^{+}、参比电极Ag/Ag^{+}之间的能级关系

当以Fc/Fc^{+}为标准物、Ag/Ag^{+}为参比电极时，HOMO和LUMO的计算公式为：

$$E_{HOMO}=-E^{ox}+E_{Fc/Fc^{+}}^{ox}-4.8 \tag{3-5}$$

$$E_{LUMO}=-E^{red}+E_{Fc/Fc^{+}}^{red}-4.8 \tag{3-6}$$

$$E_{g}=E_{HOMO}-E_{LUMO} \tag{3-7}$$

如果有机分子的氧化还原过程比较简单，在循环伏安曲线中出现明确的氧化峰和还原峰，可采用循环伏安法直接计算出有机分子的 HOMO 和 LUMO。如果有机分子的电极反应（尤其是还原反应）较复杂，当采用循环伏安法很难测定还原起始电位时，采用循环伏安法与紫外吸收光谱法相结合的方法，利用公式（3-5）和公式（3-7）推算出 LUMO。首先，通过循环伏安法测定有机分子的氧化起始电位直接推算出 HOMO。然后，采用紫外吸收光谱法，结合公式（3-8）计算出有机分子的能隙。最后，根据公式（3-7）间接推算出有机分子的 LUMO。

$$E_g = \frac{hc}{\lambda} = \frac{1240}{\lambda} \tag{3-8}$$

式中：h 为普朗克常数，$h = 6.6261 \times 10^{-34}\ \mathrm{J \cdot s} = 4.1357 \times 10^{-15}\ \mathrm{eV \cdot s}$；$c$ 为光速；λ 为紫外吸收光谱的长波方向开始对光表现出吸收的波长位置，单位为 nm。

虽然利用紫外吸收光谱数据可以计算出能隙，但是需要明确有机分子的光隙、光学能隙和电子能隙的概念之间的差异。它们之间的差异如图 3.7 所示。光隙（Optical Gap）是指第一允许光学跃迁，一般是指由基态跃迁至第一单线态（S_1）所需的光能。光学能隙（Optical Band Gap）是指分子无须热运动等辅助手段，由基态电子产生 LUMO 电子所需的光能。光学能隙产生的 LUMO 电子与基态的空穴之间没有束缚关系，光隙产生的第一激发态电子与基态的空穴之间有很强的库仑力相互作用（束缚能）。电子能隙（Electrical Band Gap）是指在晶格声子的辅助下，产生本征电荷所需的最小能量（E_g）。此时的本征电荷是由基态到第一激发态的跃迁而产生相互关联的电子-空穴对后，进一步克服相互之间的束缚所产生的自由电荷。在有机分子吸收光谱的长波方向开始对光表现出吸收的波长位置处的能量为材料的光隙，通常泛指有机分子的能隙。这也是循环伏安法和紫外吸收光谱法测定的有机分子的能隙有所差别的原因。

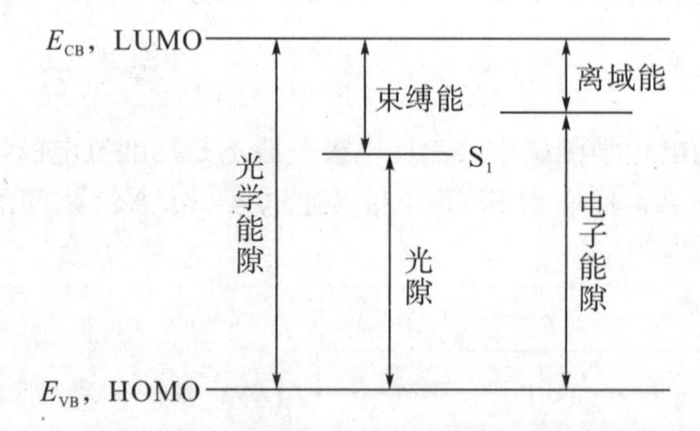

图 3.7　有机分子的光隙、光学能隙和电子能隙概念示意图

利用电化学方法测定有机分子的 HOMO 和 LUMO 时，常用的电解质为四丁基高氯酸铵（TBAP）和四丁基六氟磷酸铵等。其中，四丁基高氯酸铵常用于测定有机分子的 LUMO，四丁基六氟磷酸铵常用于测定有机分子的 HOMO。本实验中，以四丁基六氟磷酸铵为电解质、超干二氯甲烷为溶剂，利用循环伏安法测定 Alq_3 的 HOMO 和 LUMO；同时，利用紫外吸收光谱法测定 Alq_3 的能隙，验证两种方法测试结果是否一致。

【实验试剂与仪器】

1. 试剂和材料

二茂铁（Fc），三（8−羟基喹啉）铝（Alq_3），超干二氯甲烷，四丁基六氟磷酸铵。

2. 仪器

电化学工作站、电化学池、铂丝电极（对电极）、玻碳电极（工作电极）、Ag/Ag^+ 电极、密封电化学池、长针头注射器、废液桶、气球、紫外-可见分光光度计（Hitachi，U-2910）。电化学池各部分如图 3.8 所示。电化学工作站如图 3.9 所示。

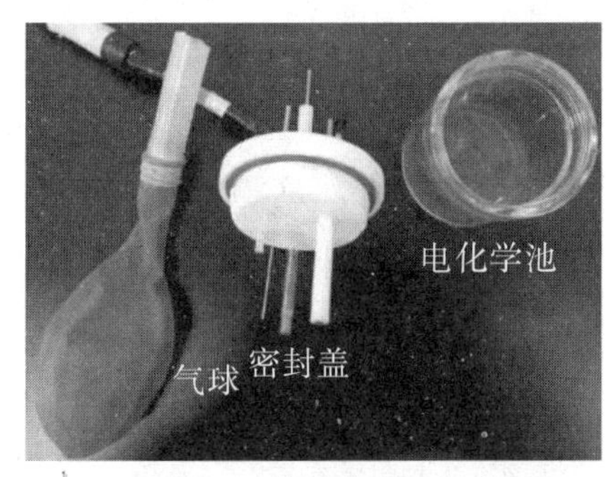

图 3.8　电化学池各部分

图 3.9　电化学工作站实物图

【实验部分】

1. 电极准备

（1）工作电极：取少许 0.05 μm 的抛光粉置于打磨盘（麂皮）表面，滴加少量的二次水，利用玻碳电极绝缘部分搅拌均匀。抛光处理工作电极时必须保持电极垂直于打磨面，慢速移动，打磨路径为圆形或者“8”字形。打磨完毕后，依次使用二次水、硝酸溶液（1∶1）、乙醇溶液（1∶1）和二次水超声清洗 2 min。清洗完毕后，利用氮气吹干电极表面，使工作电极表面光洁、平整。

（2）对电极：依次使用二次水、丙酮或者二氯甲烷冲洗干净、晾干，备用。

（3）参比电极：检查参比电极内的饱和硝酸银溶液的量是否合适（溶液充满电极 2/3 体积），利用乙醇或者乙腈溶液将电极表面冲洗干净，晾干。一定不可对参比电极进行超声清洗。

利用氮气吹扫电极表面，三电极处理好后，调节三电极在电化学池中的高度，使三者底部基本处于同一高度，且不与电化学池底部接触。调节好三电极在密封盖上的位置，备用。

2. 测试溶液配制

测试样品的溶液均是现配现用，直接将其密封在电化学池中。

（1）二茂铁标准溶液的配制方法：称取 197.6 mg 0.1 mol·L^{-1}四丁基六氟磷酸铵和 6 mg 二茂铁，加入电化学池中，密封，对密封的电化学池进行抽充换气处理，使电化学池内部充满高纯氮气。在持续通气（高纯氮气）的情况下，利用干净的长针头注射器向电化学池内注入 6.0 mL 超干二氯甲烷，继续通气 10 min。将充满氮气的气球连接到电化学池的抽充气管，保持电化学池的无水无氧环境（氮气环境），进行电化学测试。

（2）利用同样的方法配制待测液（Alq_3溶液）：称取 197.6 mg 0.1 mol·L^{-1}四丁基六氟磷酸铵和 6 mg Alq_3，加入电化学池中，密封，对密封的电化学池进行抽充换气处理，使电化学池内部充满高纯氮气。在持续通气（高纯氮气）的情况下，利用干净的长针头注射器向电化学池内注入 6.0 mL 超干二氯甲烷，继续通气 10 min。将充满氮气的气球连接到电化学池的抽充气管，保持电化学池的无水无氧环境（氮气环境），进行电化学测试。处理完毕的电化学池测试装置如图 3.10 所示。

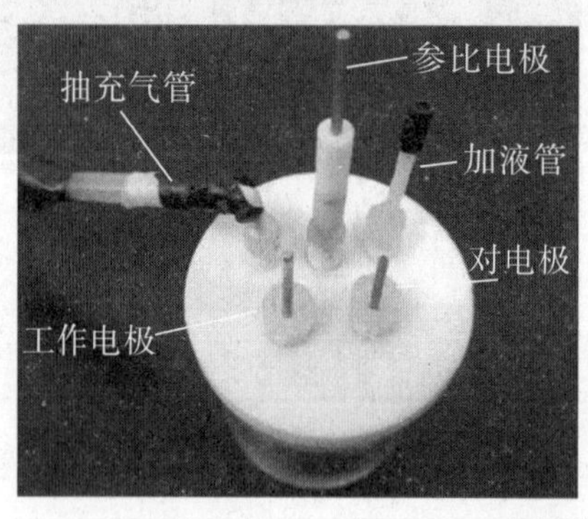

图 3.10　密封电化学池实物图

3. 循环伏安法测试

（1）电化学工作站启动及参数设置：打开电化学工作站电源、电脑、电化学工作站的控制软件，选择测试方法为循环伏安法，设置测定参数。

当以二茂铁为标准物、四丁基六氟磷酸铵为电解质、二氯甲烷为溶剂时，测定二茂铁的氧化起始电位的参数设置见表 3.5。当以 Alq_3为待测物、四丁基六氟磷酸铵为电解质、二氯甲烷为溶剂时，测定 Alq_3氧化、还原起始电位的参数设置见表 3.6。

表 3.5　二茂铁的二氯甲烷溶液的循环伏安法参数设置

初始电位（V）	高电位（V）	低电位（V）	最终电位（V）	扫描速度（V/s）	扫描段数	采样间隔（V）	静置时间（s）	灵敏度（A/V）
0.5	−0.5	−0.5	0.5	0.1	4	0.001	2	1×10^{-4}

表3.6 Alq_3的二氯甲烷溶液的循环伏安法参数设置

初始电位(V)	高电位(V)	低电位(V)	最终电位(V)	扫描速度(V/s)	扫描段数	采样间隔(V)	静置时间(s)	灵敏度(A/V)
3	3	−3	3	0.1	4	0.001	2	1×10^{-4}
3	3	0	3	0.1	4	0.001	2	1×10^{-4}
0	0	−3	0	0.1	4	0.001	2	1×10^{-4}

(2)测试过程：标准液和待测液处理完毕后进行密封处理，密封的电化学池如图3.10所示。连接电化学工作站的电源线和电极，红色电极夹连接对电极，绿色电极夹连接工作电极，白色电极夹连接参比电极。按照编辑好的测试程序进行电化学测试，得到标准液和待测液的循环伏安曲线，从而得到标准物和待测物的氧化、还原起始电位，将实验结果记录于表3.7。

表3.7 标准物和待测物的电化学性质和能隙记录表

E^{ox}_{Fc/Fc^+}		是否可逆	
E^{red}_{Fc/Fc^+}		HOMO	
$E^{ox}_{Alq_3}$		LUMO	
$E^{red}_{Alq_3}$		E_g	

测试时先进行全扫描，看还原电位的循环伏安曲线是否正常。如果不正常，则进行分段测试。负电位范围内进行循环伏安扫描时，第一次测试得到的循环伏安曲线可能不太理想，还原峰的起始电位不易查找，可以进行多次扫描，以排除溶液中残留的极少量水分对待测物还原过程的影响。如果样品的还原起始电位很难找到，采用循环伏安法与紫外吸收光谱法相结合的方法间接计算出样品的LUMO。

4. 紫外吸收光谱法测试

(1)开启紫外-可见分光光度计，进行仪器预热。

(2)利用二氯甲烷对仪器进行基线校正。

(3)配制Alq_3的二氯甲烷溶液，准备测试。

(4)取其中一支比色皿，装入2/3体积的溶液，对Alq_3的二氯甲烷溶液进行紫外-可见吸收光谱测量，得到紫外-可见吸收光谱。根据公式(3−8)可计算得到E_g，并将光谱测试信息和能隙信息记录于表3.8。

表3.8 Alq_3的二氯甲烷溶液的紫外-可见吸收光谱信息和能隙记录表

紫外-可见最佳吸收峰位(λ_{max}，nm)	紫外吸收的起始峰位(λ_{abs}，nm)	能隙(E_g，eV)

（5）测试完毕后，关闭测试软件和仪器，清洗比色皿，并将比色皿放入收纳盒内。

5. 注意事项

（1）使用玻碳电极时需用抛光粉进行抛光处理，轻拿轻放，禁止摔碰。抛光处理完毕后对其进行超声清洗 1 min，去除其表面的杂质。

（2）参比电极 Ag/Ag^{+} 避光密封保存，禁止对其进行超声清洗。当需要添加 $AgNO_3$ 溶液（乙腈）时，避光称取 9.8 mg 硝酸银，以免硝酸银见光分解。将称取的硝酸银置于棕色瓶中，向棕色瓶中加入 5.8 mL 乙腈溶液，配成浓度为 0.01 $mol \cdot L^{-1}$ 的溶液，避光置于阴凉环境中保存。

（3）在三电极安装到电化学池前，需要调节三电极的高度，保持三电极底部浸没在待测液中，且不碰触电化学池的底部。

（4）测定 E^{red} 时，先向电化学池内通氮气，保持氮气氛围，再进行测试。测试过程中保持电化学池内的压力为正，避免水汽进入电化学池影响测试过程。

【实验课程安排】

本实验课程时长为 16 学时，实验教学内容分为三大模块逐步开展，包括基础理论讲授、技能培训和实验部分。本实验课程的教学内容和教学目的见表 3.9。

表 3.9　本实验课程安排表

教学内容		教学目的
基础理论讲授		学习有机分子能级结构的基本概念，掌握能级结构测试的基本方法和原理；学习有机光电材料能级参数对 OLED 设计的作用和意义；掌握 OLED 结构的设计原则；学习和掌握电化学方法测定能级结构的基本操作和注意事项等
技能培训	电化学工作站	学习电化学工作站的基本结构、工作原理，熟练掌握电化学工作站的操作方法
	紫外-可见分光光度计	学习紫外-可见分光光度计的基本结构和工作原理，熟练掌握紫外-可见分光光度计的操作方法
实验部分	循环伏安法测定 HOMO 和 LUMO	利用电化学工作站分别测定参比物和 Alq_3 的循环伏安曲线，并找出物质的氧化、还原起始电位值；根据计算公式分别计算 Alq_3 的 HOMO 和 LUMO
	紫外-可见吸收光谱法测定能隙	利用紫外-可见分光光度计测试 Alq_3 溶液的紫外-可见吸收光谱，找出长波方向开始有吸收的峰位；根据公式计算 Alq_3 的能隙，与电化学方法测试结果进行对比

思考题

（1）请列举三种常用的参比电极，说明参比电极的工作原理。

（2）在配制有机分子溶液时为何要用超干有机溶剂？向电化学池内鼓吹氮气的作用是什么？

（3）在配制溶液时为什么要加入四丁基高氯酸铵或者四丁基六氟磷酸铵？对电化学测试过程有什么作用？

（4）在进行测试时，标准物和待测物的溶剂、电解质为什么必须保持一致？

（5）电化学方法和紫外吸收光谱法测得的有机分子的能隙会有所不同，如何理解这种差距存在的合理性？

（6）利用电化学方法或者紫外-可见吸收光谱法可以估算出有机分子的HOMO和LUMO，对于设计OLED结构有什么作用和意义？

推荐参考资料

[1] 黄维，密保秀，高志强. 有机电子学［M］. 北京：科学出版社，2011.
[2] 王筱梅，叶常青. 有机光电材料与器件［M］. 北京：化学工业出版社，2013.
[3] 叶常青，王筱梅，丁平. 有机光电材料与器件实验［M］. 北京：化学工业出版社，2018.

3.3 相对荧光量子产率的测定

【实验目的】

（1）学习光致发光的基本原理和过程。

（2）学习光学材料荧光量子产率测试的基本方法，掌握参比法测定荧光量子产率的基本原理和方法。

（3）学习紫外-可见分光光度计和荧光仪的基本结构和工作原理，熟练使用紫外-可见分光光度计和荧光仪。

【实验原理】

有机材料发光作为重要的光物理过程被广泛研究与应用。材料发光是指材料吸收某种形式的能量形成激子（处于激发态的分子），再以电磁辐射的形式回到基态的过程。激子是材料俘获能量后的一种状态。单线态激子的电磁辐射过程产生荧光，三重态激子的电磁辐射过程产生磷光。直接光、间接光和电场下的载流子注入过程均能产生激子，激子发生辐射跃迁，由高能态跃迁至基态而产生发光现象。光致发光是分子吸收光成为激发态分子，返回基态时产生光辐射跃迁。光致发光包括荧光和磷光，荧光是由单线态跃迁至基态的各振动能级时的光辐射。因此，发光分子吸收的光子数和发射的光子数决定了化合物的荧光量子产率。

化合物荧光量子产率是指化合物发射的光子数与吸收的光子数之比，或者化合物荧光发射强度与被吸收光强度之比。通过吸收光谱和荧光光谱可以计算出物质的荧光量子产率（Φ）。利用紫外-可见分光光度计和荧光仪分别测定不同浓度发光物质的吸光度值和荧光发射光谱（计算积分荧光强度）。待测物和参比物的吸光度值[1]和积分荧光强度存在以下关系：

$$\frac{\Phi_x}{\Phi_s}=\frac{F_x}{F_s}\cdot\frac{A_s}{A_x}\cdot\frac{\eta_x^2}{\eta_s^2} \tag{3-9}$$

式中：Φ_x为待测物的荧光量子产率；Φ_s为参比物的荧光量子产率；F_x为待测物的积分荧光强度；F_s为参比物的积分荧光强度；A_s为参比物在该激发波长下的吸光度值；A_x为待测物在该激发波长下的吸光度值；η_x为待测物的折射率；η_s为参比物溶液的折射率[2]。其中，$\frac{F_x}{A_x}$和$\frac{F_s}{A_s}$为F-A（积分荧光强度与吸光度值）曲线的斜率（k_x和k_s），此时公式（3−9）转换为

$$\Phi_x=\frac{k_x}{k_s}\cdot\frac{\eta_x^2}{\eta_s^2}\cdot\Phi_s \tag{3-10}$$

当待测物和参比物溶液的折射率相同时，公式（3−10）可以转换为

$$\Phi_x=\frac{k_x}{k_s}\cdot\Phi_s \tag{3-11}$$

将F-A曲线的斜率代入公式（3−10）或者公式（3−11），可计算得到荧光量子产率。常见参比物的相关信息见表3.10。

表3.10　常见参比物的相关信息

名称	常用溶剂	λ_{ex}（nm）	荧光量子产率
色氨酸	水，20℃	280	0.13
硫酸奎宁	0.1 mol·L^{-1}硫酸	366	0.637
		380	0.792
联吡啶钌［Ru(bpy)$^{2+}$］	乙腈	380	0.062
罗丹明101（R101）	乙醇	450	1
罗丹明6G（R6G）	水	488	0.94
罗丹明B	水	514	0.31
荧光素27（F27）	1 mol·L^{-1}氢氧化钠	496	0.95

本实验以三（8−羟基喹啉）铝（Alq_3）为研究对象，以硫酸奎宁为参比物，测定Alq_3的荧光量子产率。Alq_3-乙腈溶液和硫酸奎宁溶液的光学特性分别如图3.11和图3.12所示。Alq_3溶液的最佳激发峰位为380 nm，硫酸奎宁溶液的最佳激发峰位为350 nm。为了减小测量误差，选取366 nm为激发峰位测定Alq_3的相对荧光量子产率[3]。

① 待测物和参比物在激发波长处的吸光度值A不大于0.05为宜。

② 稀溶液的折射率约等于溶剂的折射率。

③ 待测物和参比物的最佳激发峰位不同，无论选取380 nm或者350 nm作为激发峰位，测定荧光量子产率都会产生测量误差。为了减小测量误差，选取两个最佳激发峰位中间位置的峰值（366 nm）作为激发峰位。

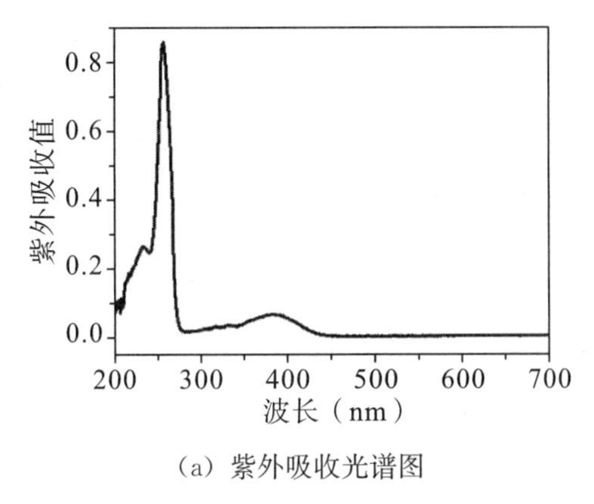

(a) 紫外吸收光谱图

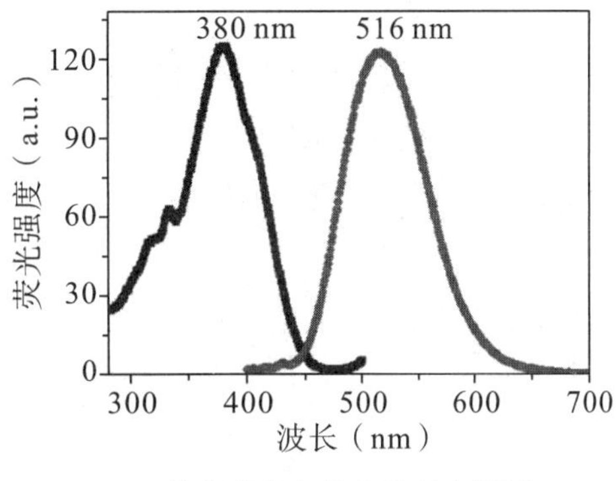

(b) 荧光激发和荧光发射光谱图

图 3.11 Alq_3-乙腈溶液的光学特性

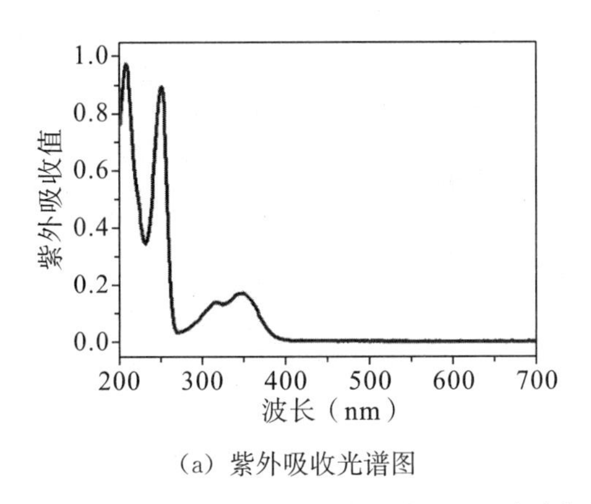

(a) 紫外吸收光谱图

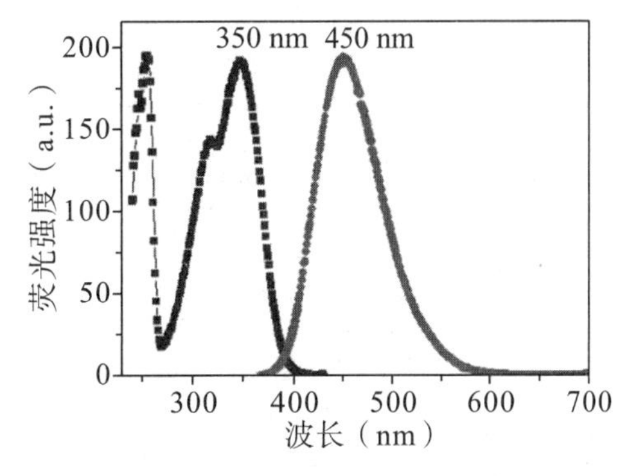

(b) 荧光激发和荧光发射光谱图

图 3.12 硫酸奎宁溶液的光学特性

本实验中以硫酸奎宁为参比物测定 366 nm 处的荧光量子产率。首先，利用紫外-可见分光光度计分别测定 Alq_3溶液和硫酸奎宁溶液在 366 nm 处的吸光度值（A）。然后，利用荧光仪分别测定 Alq_3溶液和硫酸奎宁溶液以 366 nm 为激发光的积分荧光强度（F）。采用相同的方法测定不同浓度的 Alq_3溶液和硫酸奎宁溶液的吸光度值和积分荧光强度，经过数据处理得到 F-A 曲线，根据公式（3－10）可以得到 Alq_3溶液状态下的荧光量子产率。

【实验试剂与仪器】

1. 试剂和材料

三（8－羟基喹啉）铝（Alq_3），乙腈，硫酸奎宁，0.1 mol・L^{-1}硫酸溶液。

称取 0.0200 g Alq_3溶于 20.0 mL 乙腈，转移至 100.0 mL 容量瓶，使用乙腈将其稀释至刻度，作为母液备用。称取 0.0200 g 硫酸奎宁溶于 20.0 mL 0.1 mol・L^{-1}硫酸溶液，转移至 100.0 mL 容量瓶，使用 0.1 mol・L^{-1}硫酸溶液将其稀释至刻度，作为母液备用。

2. 仪器

紫外-可见分光光度计（Shimadzu，UV-3600），荧光仪（Shimadzu，RF-5301PC），超声清洗仪（宁波新芝生物科技股份有限公司，SB-120D）。

【实验部分】

1. 紫外-可见吸收光谱和荧光光谱

（1）取母液，稀释至适宜浓度①，利用紫外-可见分光光度计分别测定 Alq_3 溶液和硫酸奎宁溶液的紫外-可见吸收光谱（扫描范围为 200～700 nm）。

（2）利用荧光仪分别测定上述溶液的荧光特性，确定 Alq_3 溶液和硫酸奎宁溶液的最佳激发峰位和最佳发射峰位，并将实验结果记录于表 3.11。

表 3.11　Alq_3 溶液和硫酸奎宁溶液的光学特性记录表

名称	最大吸光度值（A_{max}）	366 nm 处的吸光度值（$A_{366\ nm}$）	最佳激发峰位（EX_{max}）	最佳发射峰位（EM_{max}）
Alq_3 溶液				
硫酸奎宁溶液				

2. F-A 曲线的制作

（1）取上述适宜浓度的 Alq_3 溶液依次稀释，配制六种浓度梯度的 Alq_3 溶液，确保稀释溶液在波长为 366 nm 处的紫外吸光度值小于 0.05。

（2）利用紫外-可见分光光度计测试六种溶液在 366 nm 处的紫外吸光度值（测定 4 次，取平均值），作为该浓度下吸光度值的平均值，标记为 A_{x_1}。利用荧光仪测定激发波长为 366 nm 时的荧光光谱，计算该光谱的积分荧光强度，标记为 F_{x_1}。

（3）重复步骤（2）分别测定其他浓度待测液的紫外-可见吸光度值和积分荧光强度，将测得的吸光度值和积分荧光强度分别标记为 A_{x_2}，F_{x_2}；A_{x_3}，F_{x_3}；……测定 4～6组数据，绘制 F-A 曲线，得到曲线的斜率 k_x。

利用相同方法配制不同浓度梯度的参比物溶液，利用紫外-可见分光光度计和荧光仪分别测定不同浓度梯度的参比物溶液在 366 nm 处的吸光度值和当激发光为 366 nm 时的积分荧光强度。将不同浓度梯度的吸光度值和积分荧光强度分别标记为 A_{s_1}，F_{s_1}；A_{s_2}，F_{s_2}；A_{s_3}，F_{s_3}；……测定 4～6 组数据，绘制 F-A 曲线，得到曲线的斜率 k_s。

将实验数据记录于表 3.12。

① 溶液在 366 nm 处的紫外吸光度值不大于 0.05。

表 3.12　实验数据记录表

物质	编号项目	1	2	3	4	5	6	F-A 方程/k
Alq_3	A_x							
	F_x							
硫酸奎宁	A_s							
	F_s							

将所得 k_x、k_s、折射率和硫酸奎宁的荧光量子产率代入公式（3－10），可得到 Alq_3 的荧光量子产率。

【实验课程安排】

本实验课程时长为 16 学时，实验教学内容分为三大模块逐步开展，包括基础理论讲授、技能培训和实验部分。本实验课程的教学内容和教学目的见表 3.13。

表 3.13　本实验课程安排表

教学内容		教学目的
基础理论讲授		学习和巩固荧光产生的基本原理和发光过程；学习荧光量子产率的基本概念、意义、测试技术和测试方法
技能培训	荧光仪	学习荧光仪的基本结构、工作原理，熟练掌握荧光仪的操作方法
	紫外-可见分光光度计	学习紫外-可见分光光度计的基本结构和工作原理，熟练掌握紫外-可见分光光度计的操作方法
实验部分	荧光光谱和紫外-可见吸收光谱	按照实验要求测试荧光物质和标准物的荧光光谱和紫外-可见吸收光谱，确定测定相对量子产率时采用的激发峰位
	F_s-A_s	在确定的激发峰位下测定不同浓度参比物的吸光度值和积分荧光强度，从而得到 F-A 曲线
	F_x-A_x	在确定的激发峰位下测定不同浓度 Alq_3 溶液的吸光度值和积分荧光强度，从而得到 F-A 曲线；根据测试结果计算 Alq_3 的荧光量子产率

思考题

（1）简述荧光仪和紫外-可见分光光度计结构上的异同点，并简要说明存在这种差异的原因。

（2）简述荧光物质发光的基本原理，并讨论发光材料荧光量子产率的影响因素。

（3）在测试荧光物质的相对量子产率时，为何使用荧光物质的稀溶液（吸光度值小于 0.05）？

（4）当待测物的激发峰位与参比物的激发峰位不一致时，如何选取测定荧光量子产率所需的激发峰位？如果以待测物的最佳激发峰位作为测定荧光量子产率的激发峰位，将对测试结果造成什么影响？简要说明产生此影响的原因。

推荐参考资料

[1] 黄维，密保秀，高志强．有机电子学［M］．北京：科学出版社，2011.

[2] 武汉大学．分析化学（下册）［M］．北京：高等教育出版社，1978.

[3] Grabolle M，Spieles M，Lesnyak V，et al．Determination of the Fluorescence Quantum Yield of Quantum Dots：Suitable Procedures and Achievable Uncertainties［J］．Analytical Chemistry，2009，81（15）：6285－6294.

[4] Nawara K，Waluk J．Improved Method of Fluorescence Quantum Yield Determination［J］．Analytical Chemistry，2017，89（17）：8650－8655.

3.4 阳极界面修饰对单空穴器件电学性能的影响

【实验目的】

（1）学习阳极界面修饰的常用方法和作用原理，掌握等离子体处理和绝缘缓冲层修饰的方法。

（2）学习等离子体清洗机的基本结构和工作原理，熟练掌握等离子体清洗机的操作方法。

（3）学习高真空镀膜机的基本结构和工作原理，熟练掌握高真空镀膜机的操作方法和注意事项。

（4）学习单空穴器件的工作原理，熟练掌握半导体测试仪对器件电学性能的测试方法。

【实验原理】

为了提高 OLED 的空穴注入能力，可以对 ITO 表面进行界面处理或者修饰，提高 ITO 功函数，使之与有机材料的 HOMO 相匹配。ITO 界面修饰有很多种方法，常见的有用氧等离子体或者 CFx 等离子体处理 ITO 表面，在 ITO 表面进行酸碱吸附或者自组装单分子层，在 ITO 表面引入 PEDOT:PSS、CuPc 或者化学掺杂空穴注入层，在 ITO 表面添加绝缘缓冲层等。

采用氧等离子体处理 ITO 表面，不仅可以有效地清洁 ITO 表面，而且可以提高 ITO 功函数，从而减小 ITO 和有机薄膜间的空穴注入势垒。此外，采用氧等离子体处理还可以提高 ITO 表面的浸润性能，改善有机材料在 ITO 薄膜层上的成膜性等，进一步提高 OLED 的光电性能。等离子体清洗 ITO 表面的过程如图 3.13（a）所示。以氧气或者空气为工作气，产生等离子体，等离子体与基板表面的有机污物发生化学反应，使其转变为气体（例如 CO_2），排出真空腔室。同时，氧等离子体与 ITO 表面发生化学反应，使 ITO 表面的氧原子含量增加，锡/铟原子的比例降低，从而导致 ITO 表面的电子减少和功函数增大。等离子体修饰 ITO 表面的过程如图 3.11（b）所示。利用氧等离子体处理 ITO 仅影响 ITO 表面的组成和性能，不影响 ITO 内部的载流子浓度和导电性。等离子体处理ITO不仅可以改善ITO的浸润性和成膜性，而且可以提高ITO功函数，显著降低器件的驱动电压，从而提高器件的稳定性，延长器件的寿命。等离子体处理基板的过程不使用腐蚀性溶剂，且处理工艺具有高效、可靠、节能、环保等特点。等离子体清洗机的基本构造和工作原理详见“2.2.1　等离子体清洗机简介”部分，此处不赘述。

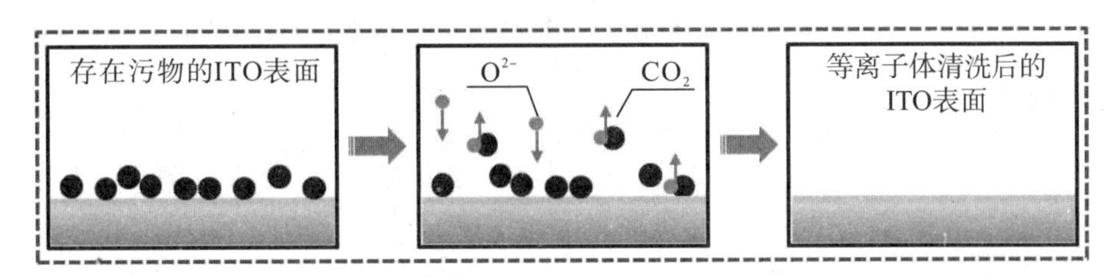

(a) 等离子体清洗ITO表面的过程

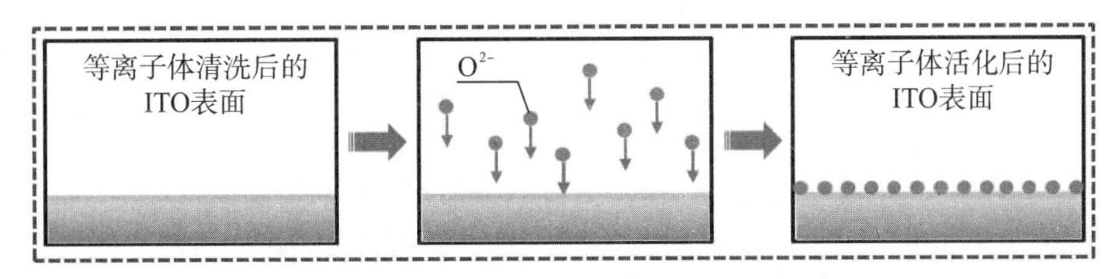

(b) 等离子体修饰ITO表面的过程

图3.13　氧等离子体对ITO表面的作用机理

在ITO和空穴传输层之间引入缓冲层可以有效降低空穴注入势垒，提高器件性能。缓冲层提高器件空穴注入性能的基本原理已经在“1.1　有机电致发光二极管”部分进行了介绍，此处不赘述。

本实验通过对比具有不同阳极修饰结构的单空穴器件的电学性能，探讨阳极修饰对器件空穴注入性能的影响。本实验的器件结构为$ITO_{(0)}$/NPB(80 nm)/Al(70 nm)、ITO/NPB(80 nm)/Al(70 nm)、ITO/MoO_3(5 nm)/NPB(80 nm)/Al(70 nm)，分别用1#器件、2#器件、3#器件来表示，如图3.14所示。

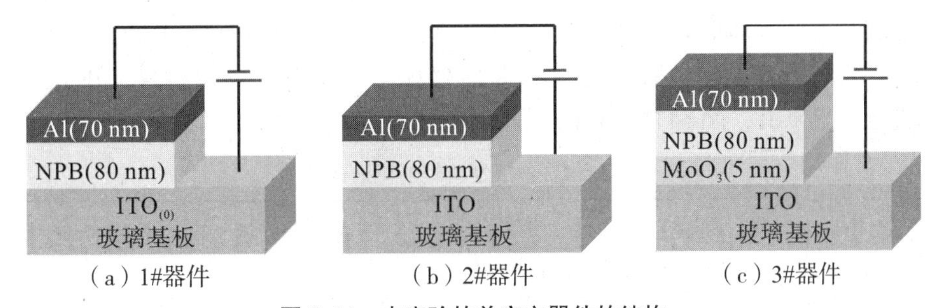

(a) 1#器件　(b) 2#器件　(c) 3#器件

图3.14　本实验的单空穴器件的结构

其中，$ITO_{(0)}$是指未经过等离子体处理的ITO基板，ITO未做任何标注和说明都是经过等离子体处理的ITO基板；NPB为空穴传输层；MoO_3为缓冲层；ITO为阳极，Al为阴极。

【实验试剂与仪器】

1. 试剂和材料

NPB（西安宝莱特），高纯铝［中诺新材（北京）有限公司，≥99.999%］，MoO_3（Sigma，≥99.99%），光学玻璃清洗剂，图形化的ITO玻璃，掩膜板。

2. 仪器

超声清洗仪（宁波新芝生物科技股份有限公司，SB-120D），高真空镀膜机（Braun），薄膜控制仪（Inficon，SQC-310C），等离子体清洗机（Diener，Femto），半导体测试仪（Agilent Technologies，B-1500A），万用表，加热台。

【实验部分】

1. 基板清洗

（1）5%碱液70℃超声清洗10 min，去除表面的污染物。

（2）去离子水60℃超声清洗10 min，用同样的方法清洗两次，去除表面的洗涤剂。

（3）去离子水煮沸5 min，超声清洗10 min。

（4）去离子水常温超声清洗10 min，用同样的方法清洗两次。清洗完毕后，ITO基板应透明且不挂水珠，否则重复上述清洗步骤。

（5）将清洗完毕的ITO基板置于烘箱内于120℃干燥2 h，确保基板完全干燥。

将清洗干净的基板（ITO面向上）放入等离子体真空腔室内，以纯氧为工艺气体（腔内压力为0.3~0.4 mbar，功率设置为75%）处理10 min。处理完毕后，将基板转移至蒸镀手套箱内。

2. 器件制备

利用高真空镀膜机，采用掩膜技术蒸镀各个功能膜层制备单空穴器件。将洁净的$ITO_{(0)}$玻璃和等离子体前处理的ITO玻璃转移入高真空镀膜机内。依次将掩膜板、基板放入样品台，置于真空镀膜机内。在各加热源内放入相应的蒸镀材料。利用薄膜控制仪编辑蒸镀工艺程序。各活性材料的蒸镀条件见表3.14。

表3.14　各活性材料的蒸镀条件

材料	蒸镀速率（Å/s）	最终膜厚（nm）	功率		加热源开始工作时的真空度（Pa）	蒸镀时的真空度（Pa）
			最大（%）	最小（%）		
MoO_3	0.1	1	40	0	6×10^{-4}	$1\times10^{-4}\sim3\times10^{-4}$
NPB	1	80	40	0	7×10^{-4}	$1\times10^{-4}\sim4\times10^{-4}$
Al	2	70	45	0	7×10^{-4}	$1\times10^{-4}\sim3\times10^{-4}$

当空穴传输层蒸镀完成后，更换掩膜板，调用相应的金属蒸镀工艺程序，开始蒸镀金属电极膜层。制备完毕后，得到 1# 器件和 2# 器件。采用相同的方法制备 3# 器件。三种器件的结构如图 3.14 所示。

3. 器件封装

单空穴器件制备完毕后，为了避免氧气、水分、灰尘等对活性层的损伤，在测试之前需要利用自动封装仪对器件进行封装。封装过程分为四步：涂胶、吸附盖板、放置盖板、UV 固化。封装子程序和主程序编辑和调用方法详见“2.5.2　自动封装仪的操作技能培训”部分，此处不赘述。自动封装仪的操作方法和主程序调用方法如下：

（1）依次打开工作气、流量计、自动封装仪电源。

（2）使用手柄控制自动封装过程：点击“MODE”，将操作模式切换至“AUTO”，点击“CH”，输入封装主程序编号“11”，点击“ENT”，进入自动封装工艺程序。

（3）点击“START”，自动封装开始。

（4）封装完毕后，自动封装仪复位，依次关闭自动封装仪电源、流量计和工作气。

4. 性能测试

利用半导体测试仪测试不同结构单空穴器件的电流-电压曲线。电极和有机活性层之间的能量势垒越小，空穴越容易注入和传输，器件的电流越大；反之，能级不匹配，电极和有机活性层之间的能量势垒越大，载流子越难注入和输运，器件的电流越小。测试过程如下：

（1）将单空穴器件放置于探针台，SUM1 连接 ITO（阳极），SUM2 连接铝电极（阴极）。

（2）开启半导体测试仪的电源，启动 EasyEXPERT 测试软件。

（3）在“My Foverite”的“Experimental Teaching”中选中 OLED-Test 测试程序，点击“Recall”。

（4）在“Measurement”中设置阳极的扫描范围为 0～12 V；测试程序调用和编辑方法详见“2.6.4　半导体测试仪与光度计联用测试装置的操作技能培训”部分。

（5）点击 ▶，开始测试。

（6）更换电极连接点，改变单空穴器件的测试区域，点击 ▶ 开始测试，可以测得不同区域的电学特性。每片单空穴器件包含四个测试区域，将单空穴器件的电学性能记录于表 3.15。

表 3.15　实验数据记录表

器件编号	电压扫描范围（V）	电压（V）	与之对应的电流（A）
1#			
2#			
3#			

【实验课程安排】

本实验课程时长为16学时，实验教学内容分为三大模块逐步开展，包括基础理论讲授、技能培训和实验部分。本实验课程的教学内容和教学目的见表3.16。

表3.16　本实验课程安排表

<table>
<tr><th colspan="2">教学内容</th><th>教学目的</th></tr>
<tr><td colspan="2">基础理论讲授</td><td>了解有机发光材料的发展和研究现状；学习薄膜构筑工艺和测试技术</td></tr>
<tr><td rowspan="5">技能培训</td><td>高真空镀膜机</td><td>学习高真空镀膜机的基本结构和工作原理，熟练掌握高真空镀膜机的操作方法</td></tr>
<tr><td>自动封装仪</td><td>学习自动封装仪的基本结构和工作原理，熟练掌握自动封装仪的操作方法</td></tr>
<tr><td>等离子体清洗机</td><td>学习等离子体清洗机的基本结构和工作原理，熟练掌握等离子体清洗机的操作方法</td></tr>
<tr><td>半导体测试仪</td><td>熟知半导体测试仪在半导体器件领域中的应用，熟练掌握半导体测试仪的测试技术</td></tr>
<tr><td>探针台</td><td>学习探针台的基本结构和作用，熟练掌握探针台的使用方法</td></tr>
<tr><td rowspan="3">实验部分</td><td>ITO基板前处理</td><td>根据实验设计内容，对ITO玻璃依次进行清洗处理和等离子体处理</td></tr>
<tr><td>单空穴器件的制备</td><td>根据实验设计的器件结构，采用真空蒸镀法制作三种结构的单空穴器件</td></tr>
<tr><td>电学性能测试</td><td>利用半导体测试仪研究不同结构单空穴器件的电学性能</td></tr>
</table>

思考题

(1) OLED或者单空穴器件为何选用ITO作为器件的阳极？请简述如何处理才有利于降低ITO与有机活性层之间的注入势垒，提高器件的性能。

(2) 简述单空穴器件制作的基本工艺流程。

(3) 利用光学玻璃清洗剂清洗导电玻璃的目的是什么？如何确定导电玻璃是否清洗干净？

(4) 等离子体前处理与酸碱前处理相比有何优势？

(5) 为何等离子体可以清洁ITO表面和提高ITO的功函数？

(6) 缓冲层可以产生绝缘隧穿效应，其厚度是否会影响器件的性能？简要说明原因。

推荐参考资料

[1] 黄维，密保秀，高志强．有机电子学［M］．北京：科学出版社，2011.
[2] 陈金鑫，黄孝文．OLED梦幻显示器——材料与器件［M］．北京：人民邮电出版社，2011.

[3] 王筱梅，叶常青．有机光电材料与器件 [M]．北京：化学工业出版社，2013.
[4] 叶常青，王筱梅，丁平．有机光电材料与器件实验 [M]．北京：化学工业出版社，2018.

3.5　TADF-OLED 制备和性能测试

【实验目的】

(1) 巩固 OLED 的结构和发光原理等基础知识，学习热活化延迟荧光（TADF）材料单线态和三重态能量转换关系。

(2) 学习 TADF 材料增强 OLED 光电性能的原理，掌握 TADF-OLED 制备的基本方法。

(3) 学习 OLED 制备工艺，熟练掌握高真空镀膜机、等离子体清洗机、自动封装仪和半导体测试仪等仪器的操作方法。

【实验原理】

常规底发射结构的 OLED 包括透明基板（一般为玻璃）、透明电极（例如 ITO）、空穴传输层（HTL）、发光层（EL）、电子传输层（ETL）和阴极，如图 3.15 所示。当给器件施加正向电压时，空穴由阳极经空穴传输层的 HOMO 注入和输运至发光层的 HOMO。类似地，电子由阴极经电子传输层的 LUMO 注入和输运至发光层的 LUMO。在发光层，电子和空穴复合产生激子，激子产生非辐射跃迁和辐射跃迁。

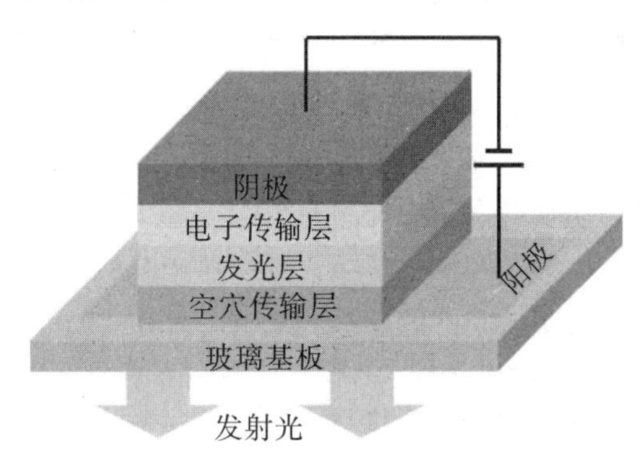

图 3.15　底发射结构 OLED 的基本结构

根据自旋理论统计，在电激发作用下，电子和空穴复合将按照 1∶3 的比例产生单线态激子和三重态激子。如图 3.16（a）所示，当荧光材料作为 OLED 的发光层时，荧光材料最多只有 25%的单线态激子可发生辐射跃迁至基态，内量子效率（IQE）的理论值最大可达 25%。当磷光材料作为 OLED 的发光层时，磷光材料可将俘获的单线态激子经过系间窜跃转变为三重态激子，三重态激子发生辐射跃迁至基态，磷光材料内量子效率的理论值最大可达 100%，如图 3.16（b）所示。TADF 材料的分子结构中不存在铱、铂等重金属元素，可以利用三线态激子发光而成为继传统荧光材料、磷光材料之后的第三代有机发光材料。TADF 材料的单线态和三重态之间的能量差较小（$\Delta E \ll 0.1$ eV），在一定的温度下，三重态激子可通过反向系间窜跃（RISC）被热活化为单线态激子。TADF 材料可以利用单线态和三重态激子发生辐射跃迁，产生发光现象，内量子效率的理论值最大可达 100%，如图 3.16（c）所示。因此，利用 TADF 材料反向系间窜跃的特性，可有效地利用 TADF 材料的三重态激子，提高 OLED 的发光效率。TADF 材料为 OLED 在不使用磷光材料的基础上提高内量子效率提供了有效途径。

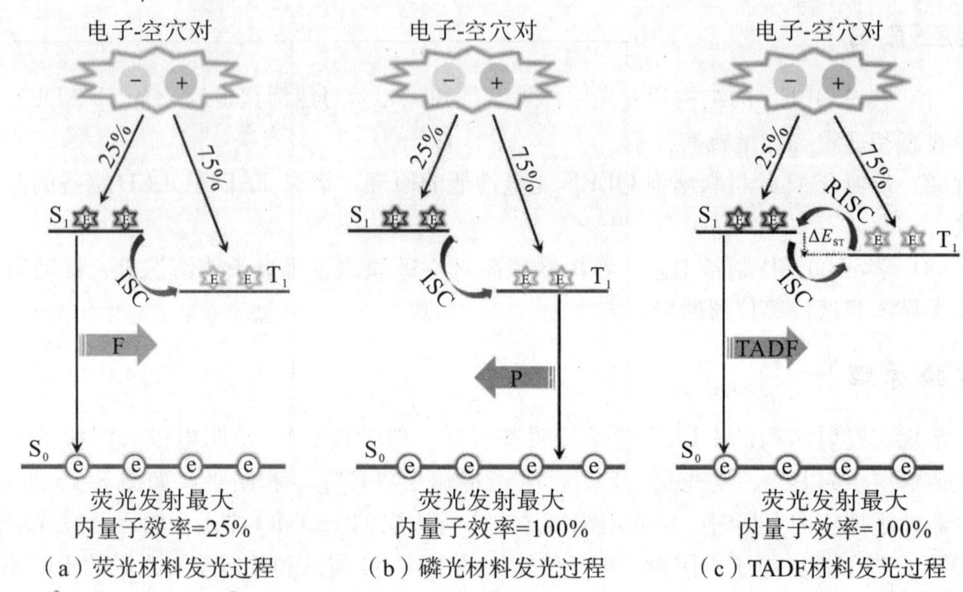

图 3.16 OLED 中单线态和三重态激子产生辐射的过程示意图

一般而言，TADF 掺杂主体材料具有双极性时，对 OLED 的光电性能影响较大。主体材料（TADF 材料）的单线态激子可以直接接受电子-空穴激子产生，也可以由反向系间窜跃过程由三重态转化而来。主体材料的单线态激子通过 Förster 能量转化传递给客体分子（荧光材料），然后客体分子发生辐射跃迁至基态，产生发光现象。TADF 材料作为掺杂主体与客体发光材料间的能量转移过程如图 3.17 所示。当 TADF 材料和发光材料利用主客体掺杂以提高 OLED 的发光性能时，需要选择合适的 TADF 材料作为主体材料。一方面，TADF 材料可将单线态激子能量经 Förster 能量转移传递给客体发光材料；另一方面，降低浓度猝灭效应，从而提高 TADF-OLED 的发光性能。

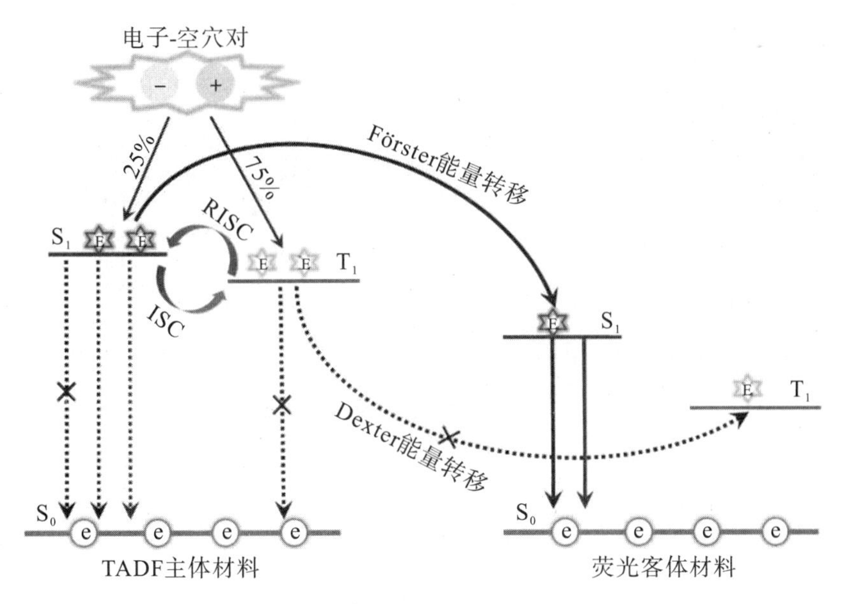

图 3.17　TADF 材料与荧光材料间的能量转移过程示意图

本实验以 mCBP 为主体材料、5tCzBN 为发光客体材料制备混合薄膜（5tCzBN：mCBP，20％，30 nm）作为发光层，考察基于 TADF 材料提高 OLED 的光电性能。本实验的器件结构为 ITO/TAPC（30 nm）/TCTA（10 nm）/5tCzBN(30 nm)/DPEPO(10 nm)/Bphen(30 nm)/LiF(1 nm)/Al(70 nm)和 ITO/TAPC(30 nm)/TCTA(10 nm)/5tCzBN：mCBP(20％,30 nm)/DPEPO(10 nm)/Bphen(30 nm)/LiF(1 nm)/Al(70 nm)，分别用 1＃器件和 2＃器件来表示。1＃器件作为对照 OLED，其发光层为 5tCzBN；2＃器件为 TADF-OLED，其发光层为 5tCzBN:DPEPO 混合薄膜。两个器件的结构和能级图分别如图 3.18、图 3.19 所示。

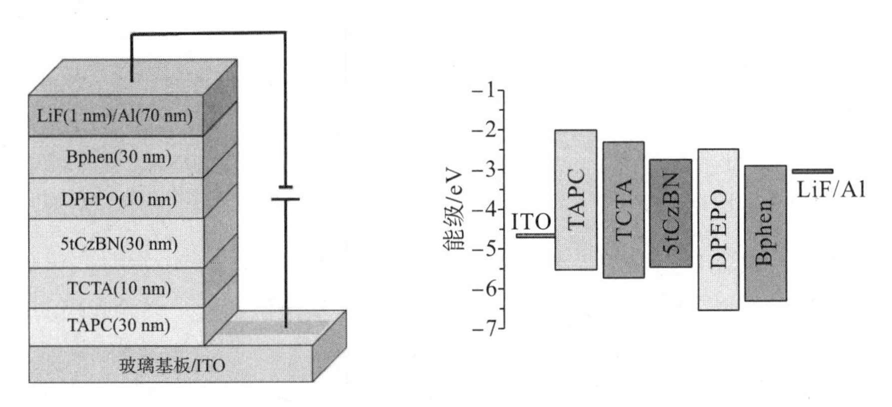

图 3.18　1＃器件的结构和能级图

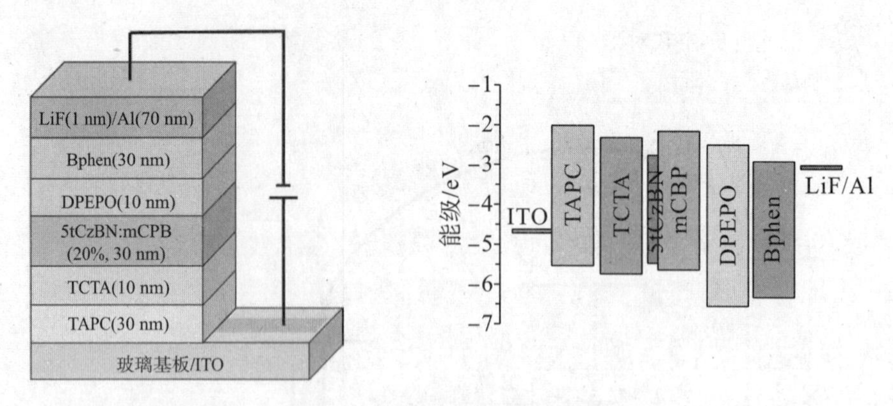

图 3.19　2＃器件的结构和能级图

【实验试剂与仪器】

1．试剂和材料

光学玻璃清洗剂，二次水，图形化的 ITO 作为阳极，TAPC 为空穴传输层，TCTA 为电子阻挡层，5tCzBN 为发光材料，mCPB 为掺杂主体材料，DPEPO 为空穴阻挡层，Bphen 为电子传输层，LiF 为电子注入层，Al 为阴极，有机掩膜板，金属掩膜板。

2．仪器

超声清洗仪（宁波新芝生物科技股份有限公司，SB-120D），高真空镀膜机（Angstrom Engineering，Nexdep），薄膜控制仪［Angstrom Engineering，VG-TFG（C）-6］，等离子体清洗机（Diener，Femto），自动封装仪，半导体测试仪（Agilent Technologies，B-1500A），光度计，光谱光度计（北京奥博迪光电技术有限公司，OPT-2000），测试盒装置。

【实验部分】

1．基板前处理

（1）5％光学玻璃清洗剂 70℃超声清洗 10 min，去除表面的污染物。

（2）去离子水 60℃超声清洗 10 min，用同样的方法清洗两次，去除表面的洗涤剂。

（3）去离子水煮沸 5 min，超声清洗 10 min。

（4）去离子水常温超声清洗 10 min，用同样的方法清洗两次。清洗完毕后，ITO 基板应透明且不挂水珠，否则重复上述清洗步骤。

（5）清洗完毕的 ITO 基板置于烘箱内 120℃干燥 2 h，确保基板完全干燥。

将清洗干净的基板（ITO 面向上）放入等离子体的真空腔室内，以纯氧作为工艺气体（腔内压力为 0.3～0.4 mbar，功率设置为 90％），等离子体清洗 10 min。等离子体处理不仅可以清洁基板表面，改善 ITO 的浸润性和成膜性，而且可以提高 ITO 的功函数。

2. 器件制备

本实验需要制备的器件结构如图 3.18、图 3.19 所示。利用高真空镀膜机，采用掩膜法制备 OLED 的各功能薄膜层。ITO 玻璃前处理完毕后，将 ITO 放入高真空镀膜机。按照实验设计的器件结构依次制作不同结构的 OLED。各功能材料的蒸镀条件见表 3.17。利用石英水晶振荡片检测材料的蒸镀速率和薄膜厚度。各活性膜层的目标厚度与器件结构一致。其中，忽略客体发光材料的目标厚度，由主体材料的目标厚度决定。

表 3.17 各功能材料的蒸镀条件

材料名称	最大功率（%）	蒸镀速率（Å/s）	阈值精度（%）	加热源开始工作时的真空度（Pa）
TAPC	10	1	10	6×10^{-4}
mCBP	12	1	10	6×10^{-4}
5tCzBN	13	0.3	10	6×10^{-4}
DPEPO	9.5	1	10	6×10^{-4}
Bphen	10	1	10	6×10^{-4}
LiF	16	0.1	10	3×10^{-4}
Al	46	1	12	3×10^{-4}

高真空镀膜机参数设置和蒸镀工艺程序调用方法详见“2.4.2 高真空镀膜机的操作技能培训”和“2.4.3 Aeres Startup 软件的操作技能培训”部分。

3. 性能测试

利用半导体测试仪、光度计、光谱光度计测试 OLED 的光电性能和光谱信息，测试装置连接方式如图 3.20 所示。OLED 光谱测试方法详见“2.6.2 光谱测试仪的操作技能培训”部分。半导体测试仪的操作方法和测试程序编辑方法详见“2.6.4 半导体测试仪与光度计联用测试装置的操作技能培训”部分。

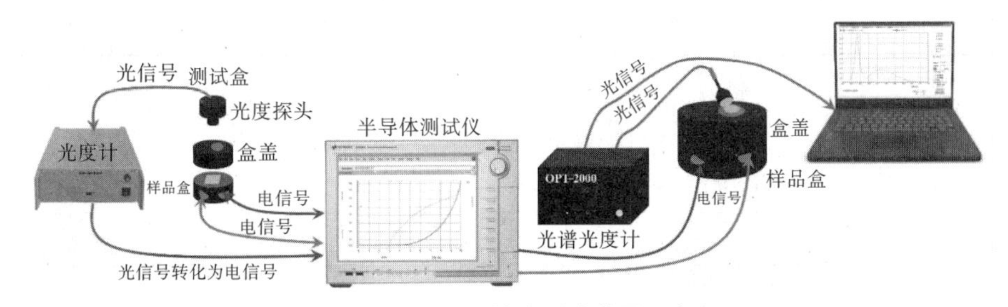

图 3.20 OLED 性能测试装置示意图

OLED 光电性能测试的基本步骤如下：

（1）将 OLED 置于测试盒内，连接电源线，安装测试盒。

（2）开启光度计，打开半导体测试仪的电源。

（3）启动半导体测试仪的 EasyEXPERT 软件，在“My Foverite”的“Experimental Teaching”中选中“I/V B* 10000”，点击“Recall”。

（4）在“Measurement”中设置阳极的扫描范围为 0～12 V。测试程序调用和编辑方法详见“2.6.4　半导体测试仪与光度计联用测试装置的操作技能培训”部分。

（5）点击 ▶ 开始测试。

（6）更换电极连接点，改变发光区域，点击 ▶ 开始测试，可以测得不同发光区域的光电特性。每片 OLED 包含四个发光区域，将实验结果记录于表 3.18。

表 3.18　OLED 性能记录表

OLED		启亮电压（V）	最大电流密度（A/cm^2）	最大亮度（cd/cm^2）	最大电流效率（cd/A）	外量子效率（%）
1＃器件	发光区域 1					
	发光区域 2					
2＃器件	发光区域 1					
	发光区域 2					

利用光谱光度计测试 OLED 的发光光谱和色度等性能参数，并记录相关的测试数据。基本操作步骤如下：

（1）打开电脑，启动 OPT-2000 光谱光度计操作软件。

（2）在测量界面设置波长范围和平均次数。

（3）利用半导体测试仪给 OLED 施加恒定电压。

（4）将光纤探头对准发光区域，点击“采样”，光纤探头即开始采集发光区域的光谱信号和光度信号。当发光区域的光谱稳定且达到测量要求后，点击“停止”完成测试，测得电致发光光谱，保存光谱数据。采用相同的方法分别测试不同电压下 OLED 的电致发光光谱和光度信息。通过“数据处理”→“显示马蹄图”可查看 OLED 发光光谱的 CIE 色坐标的马蹄图。测试完毕后，将实验结果记录于表 3.19。

表 3.19　光谱测量参数和电致发光光谱信息记录表

器件编号	施加电压（V）	发光峰位（nm）	CIE 色坐标	
			x	y
1＃	4			
	6			
	8			

续表

器件编号	施加电压（V）	发光峰位（nm）	CIE 色坐标	
			x	y
2#	4			
	6			
	8			

【实验课程安排】

本实验课程时长为 16 学时，实验教学内容分为三大模块逐步开展，其中包括基础理论讲授、技能培训和实验部分。本实验课程的教学内容和教学目的见表 3.20。

表 3.20　本实验课程安排表

教学内容		教学目的
基础理论讲授		学习 OLED 的基本结构、发光原理和制备的常见工艺；学习 OLED 的性能参数、各项性能参数的意义和各性能参数间的相互转化关系；学习 TADF 材料增强 OLED 性能的基本原理
技能培训	高真空镀膜机	学习高真空镀膜机的基本结构和工作原理，熟练掌握高真空镀膜机的操作方法
	等离子体清洗机	学习等离子体清洗机的基本结构和工作原理，熟练掌握等离子体清洗机的操作方法
	自动封装仪	熟悉自动封装仪的基本结构和工作原理，熟练掌握自动封装仪的操作方法
	半导体测试仪	了解半导体测试仪在光电器件领域中的应用，熟练掌握半导体测试仪测试 OLED 性能的基本操作方法
实验部分	ITO 基板前处理	根据实验设计内容，依次对 ITO 基板进行清洗和等离子体处理
	器件制备	根据实验设计的器件结构，采用真空蒸镀法制作 OLED 的各功能薄膜层
	性能测试	利用半导体测试仪、光度计、光谱光度计仪等测试 OLED 的光电性能

思考题

（1）简述 OLED 的基本结构、发光原理和制备工艺。

（2）利用光学玻璃清洗剂清洗完基板后，为何还要用等离子体清洗剂处理基板表面？氧等离子体处理基板的作用是什么？

（3）简述荧光材料、磷光材料和 TADF 材料三者电致发光过程的异同。

（4）TADF 材料如何提高 OLED 的发光性能？为何 TADF 材料的种类和掺杂比例会影响客体材料的电致发光性能？

（5）在 TADF-OLED 结构中添加了 TCTA 膜层和 DPEPO 膜层，两者的作用各是什么？

（6）请设计一种可能进一步提高 5tCzBN 的电致发光性能的器件结构，简要说明如此设计的理由。

推荐参考资料

[1] 黄维，密保秀，高志强. 有机电子学 [M]. 北京：科学出版社，2011.
[2] 陈金鑫，黄孝文. OLED 梦幻显示器——材料与器件 [M]. 北京：人民邮电出版社，2011.
[3] 李祥高，王世荣，等. 有机光电功能材料 [M]. 北京：化学工业出版社，2012.
[4] Jou J-H，Kumar S，Agrawal A，et al. Approaches for Fabricating High Efficiency Organic Light Emitting Diodes [J]. Journal of Materials Chemistry C，2015，3 (13)：2974−3002.
[5] Wong M Y，Zysman-Colman E. Purely Organic Thermally Activated Delayed Fluorescence Materials for Organic Light-Emitting Diodes [J]. Advance Materials，2017，29 (22)：1605444.
[6] de Silva P，Kim C，Zhu T Y，et al. Extracting Design Principles for Efficient Thermally Activated Delayed Fluorescence (TADF) from a Simple Four-State Model [J]. Chemistry of Materials，2019，31 (17)：6995−7006.
[7] Sarma M，Wong K-T. Exciplex：An Intermolecular Charge-Transfer Approach for TADF [J]. ACS Applied Materials & Interfaces，2018，10 (23)：19279−19304.
[8] Oksana O. Organic Optoelectronic Materials：Mechanisms and Applications [J]. Chemical Reviews，2016，116 (22)：13279−13412.
[9] Im Y，Kim M，Cho Y J，et al. Molecular Design Strategy of Organic Thermally Activated Delayed Fluorescence Emitters [J]. Chemistry of Materials，2017，29 (5)：1946−1963.

3.6 OFET 制备和性能测试

【实验目的】

（1）学习 OFET 的基本结构和工作原理。

（2）学习 OFET 的制备工艺，熟练掌握高真空镀膜机的基本操作方法和底栅结构 OFET 的制作方法。

（3）学习半导体测试仪和探针台的基本结构和工作原理，熟练掌握底栅结构 OFET 性能测试的基本方法。

（4）学习和掌握 OFET 的基本性能参数、各项参数的物理意义和计算方法。

【实验原理】

OFET 是将有机半导体薄膜作为活性层，通过栅电压控制源极和漏极之间电流的一种电子开关器件。OFET 的工作原理是通过调节栅极的电压，改变有机半导体靠近绝缘层界面的电荷载流子数目，在有机半导体和绝缘层（电介质）的界面上形成一层电荷积累层，积累电荷的定向运动形成源漏电流。形成的电荷积累层为导电沟道，源极和漏极之间的电流为源漏电流，也称为漏电流（I_d）。

根据栅极位置可将 OFET 分为底栅结构（底接触）和顶栅结构（顶接触），如图 3.21 所示。在底栅结构中，基板和栅极直接接触，有机半导体材料位于绝缘层和源/漏电极之间。在顶栅结构中，基板表面制备有机半导体层，然后分别沉积源极和漏极，最后制备绝缘层和栅极。小分子薄膜器件一般采用底栅结构，聚合物薄膜器件可以采用底栅结构，也可以采用顶栅结构。常见的 OFET 薄膜构筑方法包括旋涂法、真空蒸镀法、喷墨打印法、LB 法、单分子层生成法等。根据 OFET 结构和材料性质选取合适的制膜方法。一般情况下，采用掩膜技术，利用高真空镀膜机沉积得到源极（S）和漏极（D）。为了使电极与有机半导体层形成良好的欧姆接触，选择能级合适的金属材料作为源极和漏极。有机小分子作为有源层时，常采用金（Au）作为电极材料。

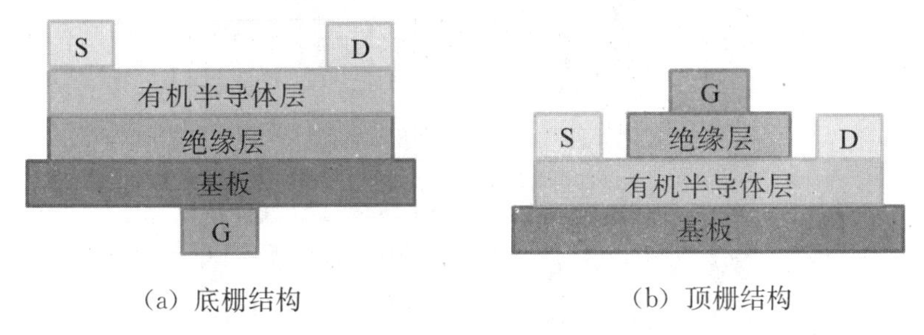

（a）底栅结构　　（b）顶栅结构

图 3.21　常见的 OFET 的结构

本实验将表面有 300 nm SiO_2 层的单晶硅片作为基板（单晶硅为栅极），并五苯作为有源层，制作底栅结构的 OFET，测试器件的输出特性曲线和转移特性曲线。OFET 制作的基本流程如图 3.22 所示，包括硅片切割、硅片前处理、薄膜制备和金属电极制备等。本实验中，采用真空蒸镀法分别制备有机半导体层和金属电极。

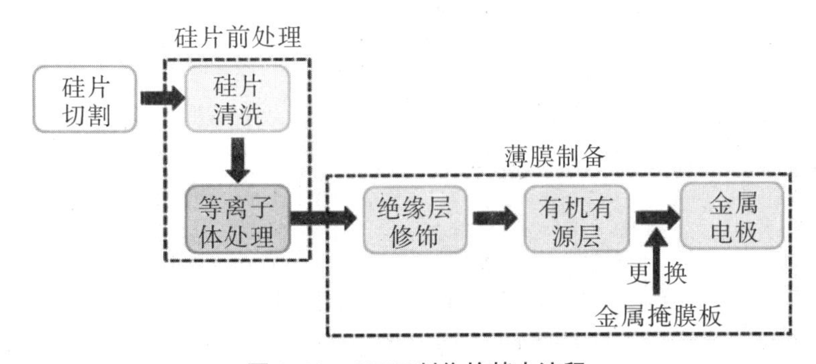

图 3.22　OFET 制作的基本流程

本实验中采用掩膜技术制备源极和漏极，掩膜板的结构如图 3.23 所示，内插图为掩膜法制备的金属电极。利用掩膜板可以制备不同取向和尺寸的 OFET。OFET 器件的沟道宽度（W）为 960 μm，沟道长度（L）分别为 50 μm、100 μm、150 μm。

常见表征 OFET 性能的参数包括迁移率、电流开/关比、阈值电压、输出特性曲线和转移特性曲线等。通过 I-U 测量，可以获得器件的转移特性曲线和输出特性曲线，经过推导和计算可以得到晶体管的迁移率、电流开/关比、阈值电压、亚阈值电压等参数。电流开/关比为在器件的“开”状态和“关”状态下器件输出电流的比值；阈值电压为开始出现沟道电流时的栅电压；迁移率描述单位电场下载流子的平均迁移速度。在实验中，固定栅压（U_g）可以得到器件的输出特性曲线（I_d-U_d曲线）；固定源漏电压（U_d）可以得到器件的转移特性曲线（I_d-U_g曲线）。对某一源漏电压下的转移特性曲线进行处理，结合场效应晶体管计算公式可以得到 OFET 的迁移率、电流开/关比和阈值电压，推导和计算方法详见“1.2.4　有机场效应晶体管的性能指标”部分。

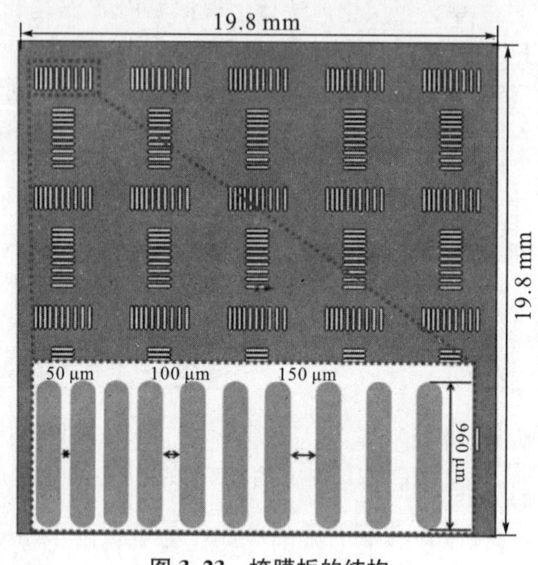

图 3.23　掩膜板的结构

【实验试剂与仪器】

1. 试剂和材料

表面有 300 nm SiO_2层的单晶硅片，丙酮，乙醇，异丙醇，去离子水，高纯氮气，并五苯，高纯金，硅片刀，钢尺，掩膜板。

2. 仪器

超声清洗仪（宁波新芝生物科技股份有限公司，SB-120D），等离子体清洗机（Diener，Femto），旋涂仪（Sawatec AG；SM-150/SM-180），高真空镀膜机（Braun），薄膜控制仪（Inficon，SQC-310C），半导体测试仪（Agilent Technologies，B-1500A）。

【实验部分】

1. 硅片切割和清洗

切割硅片时，准备好必要的工具（硅片刀、钢尺、载玻片），根据硅片切割的三步法进行切割（一切、二垫、三按），基本步骤如图 3.24 所示。

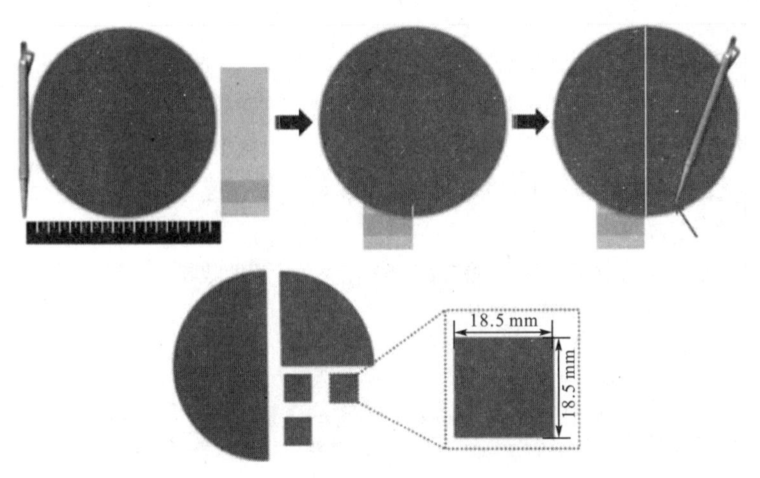

图 3.24　硅片切割的基本步骤

（1）切：在需要切割的边缘用硅片刀轻轻切出一个浅划痕。

（2）垫：将载玻片垫在划痕处，确保载玻片放置方向与硅片切割方向一致，使硅片沿切割方向形成高度差。

（3）按：利用镊子和硅片刀，按住硅片存在高度差的两侧，在应力作用下，硅片沿载玻片放置方向（高度差方向）自然裂开。

按此切割方法依次循环，可以将硅片切割成所需尺寸。本实验所需的尺寸为 18.5 mm×18.5 mm。在切割过程中，不能用手碰触硅片表面，避免污染硅片表面。硅片切割完毕后放置于清洗架上，对其进行清洗。清洗方式如下：

（1）分别利用丙酮、异丙醇、乙醇超声清洗 10 min。

（2）利用超纯水或者二次水淋洗，立刻用气枪（高纯氮气为工作气）吹除硅片表面的水分。

（3）硅片干燥后备用。

2. 等离子体处理

以高纯氧气作为工作气，对清洗干净的硅片进行等离子体处理。为了增加硅片表面的亲和性，等离子体处理功率为 90%，处理时间为 10 min。具体操作步骤如下：

（1）工艺气的工作压力小于 0.1 MPa。

（2）将硅片的二氧化硅抛光面向上，放入等离子体腔室内，关闭腔室门。

（3）依次开启电源、真空泵，当腔室真空度小于 0.4 mbar 时，等离子体清洗仪自动启动。开启工作气，调节流量阀，将腔室平衡压力控制为 0.3~0.4 mbar。

（4）当腔室内工作压力稳定后，按下“GENERATOR”按钮。

（5）等离子体处理完毕后，依次关闭工作气、流量阀、真空泵。然后启动“VENTILATION”，充气完毕后，关闭“VENTILATION”。

（6）取出工艺部件，关闭腔室门和电源。

3. 器件制备

本实验制备底栅结构的 OFET 的工艺流程如图 3.25 所示。OFET 的沟道长度分别为 50 μm、100 μm、150 μm，沟道宽度为 960 μm。具体的操作步骤如下：

(1) 将用等离子体处理的硅片放入样品台，关闭高真空镀膜机的腔室门，抽真空。当腔室内真空度低于 6×10^{-4} Pa 时，调用并五苯蒸镀工艺程序，在绝缘层蒸镀一层并五苯薄膜，其厚度为 50 nm。

(2) 蒸镀完毕后，更换金属掩膜板。当腔室真空度低于 6×10^{-4} Pa 时，调用金属蒸镀工艺程序，开始蒸镀源极和漏极。

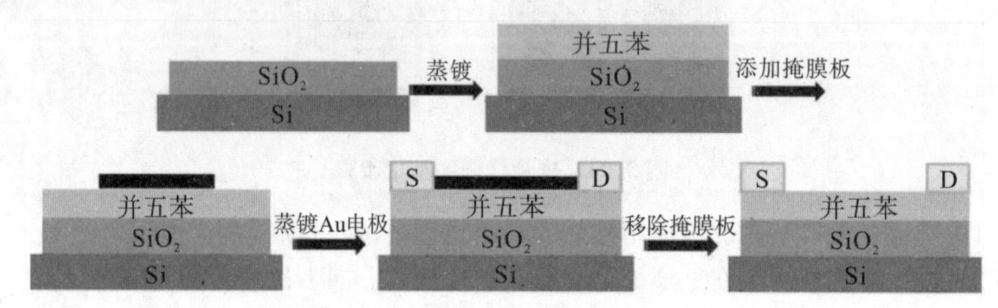

图 3.25　P 型 OFET 制备工艺流程

有机半导体材料和金属材料的蒸镀条件见表 3.21。

表 3.21　材料的蒸镀条件

材料名称	最大功率(%)	目标速率(Å/s)	精度阈值(%)	目标厚度(nm)	开始蒸镀时的腔室压力(Pa)
并五苯	12	1	10	50	6×10^{-4}
高纯金	47	0.1	12	70	3×10^{-4}

4. 性能测试

(1) 将器件放置于探针台上，SUM1、SUM2、SUM3 分别与源极、漏极、栅极连接。

(2) 开启半导体测试仪，调用场效应晶体管输出特性测试程序，固定栅电压（分别设置为 0 V、−20 V、−40 V、−60 V 等），分别测试 I_d-U_d 曲线，源漏电压的扫描范围为 −80～0 V。将输出特性曲线的实验测试结果记录于表 3.22。当器件结构不同时，分别记录各器件的测试参数值。

表 3.22　输出特性曲线数据记录表

器件结构	栅电压（V）	夹断电压（V）	饱和电流（mA）
L =________ W =________	0		
	−20		
	−40		
	−60		

（3）调用场效应晶体管的转移特性曲线，固定源漏电压（分别设置为 0 V、−20 V、−40 V、−60 V 等），分别测定 I_d-U_g 曲线，栅电压的扫描范围为−60～20 V。将转移特性曲线的实验测试结果记录于表 3.23。当器件结构不同时，分别记录各器件的测试参数值。

表 3.23　转移特性曲线数据记录表

器件结构	源漏电压（V）	栅电压为−40 V 时的源漏电流（mA）
L =________ W =________	0	
	−20	
	−40	
	−60	

探针台和半导体测试仪的操作方法、测试参数设置方法详见“2.7　OFET 性能测试”部分，此处不赘述。

5．数据处理

通过测定不同栅电压对应的 I_d-U_d 曲线可以了解器件的输出特性，分析可得到某一栅电压下器件的夹断电压和饱和电流。通过分析某一饱和源漏电压对应的 I_d-U_g 曲线可以得到器件的阈值电压、电流开/关比、迁移率等性能参数。对某一饱和源漏电压下的转移特性曲线（I_d-U_g 曲线）进行数据处理和推导，可以得到 OFET 的各项性能参数，记录于表 3.24。

表 3.24　实验数据记录表

器件结构	栅电压（V）	夹断电压（V）	饱和电流（mA）	阈值电压（V）	电流开/关比	迁移率 [$cm^2/(V\cdot s)$]
L =________ W=________						
L =________ W=________						
L =________ W=________						

续表

器件结构	栅电压(V)	夹断电压(V)	饱和电流(mA)	阈值电压(V)	电流开/关比	迁移率[$cm^2/(V \cdot s)$]
L=________ W=________						

【实验课程安排】

本实验课程时长为16学时，实验教学内容分为三大模块逐步开展，其中包括基础理论讲授、技能培训和实验部分。本实验课程的教学内容和教学目的见表3.25。

表3.25　本实验课程安排表

教学内容		教学目的
基础理论讲授		学习OFET的基本结构、发展和研究现状；掌握OFET的基本性能参数、意义和推导方法；学习薄膜构筑工艺、制备和测试技术
技能培训	高真空镀膜机	学习高真空镀膜机的基本结构和工作原理，熟练掌握高真空镀膜机的操作方法
	等离子体清洗机	学习等离子体清洗机的基本结构和工作原理，熟练掌握等离子体清洗机的操作方法
	探针台	学习探针台的基本结构和工作原理，熟练掌握探针台的操作方法
	半导体测试仪	了解半导体测试仪在半导体器件领域中的应用，熟练掌握半导体测试仪的测试技术
	硅片切割操作	熟练掌握硅片切割的基本方法和注意事项
实验部分	硅片切割和前处理	根据实验设计内容，依次对硅片进行切割、清洗和等离子体处理
	OFET制备	根据实验设计的器件结构，采用真空蒸镀法制作P型OFET
	电学性能测试	利用半导体测试仪测试P型OFET的I-U性能，记录相关的实验数据

思考题

(1) 请简述OFET的工作原理、基本结构和制备的工艺流程。

(2) OFET的绝缘层通常为二氧化硅，其意义和作用是什么？一般如何制备二氧化硅绝缘层？

(3) 请在下图中指出OFET的沟道长度(L)和沟道宽度(W)，并说明器件的性能参数与沟道长度、沟道宽度等有什么关系。

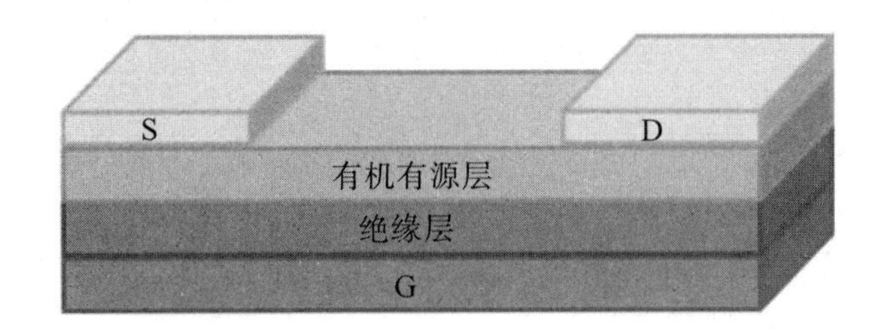

（4）常见的有机薄膜构筑方法有哪几种？请列举至少三种方法，说明各方法的使用范围。

（5）在对结构相同但取向不同的器件进行测试时，为何有些器件性能存在显著性差异？

推荐参考资料

[1] 黄维，密保秀，高志强．有机电子学［M］．北京：科学出版社，2011.
[2] 胡文平．有机场效应晶体管［M］．北京：科学出版社，2011.
[3] 王筱梅，叶常青．有机光电材料与器件［M］．北京：化学工业出版社，2013.
[4] 叶常青，王筱梅，丁平．有机光电材料与器件实验［M］．北京：化学工业出版社，2018.

第 4 章　综合实验设计

本章包含三个综合实验，分别为器件结构对 OLED 光电性能的影响、三（8-羟基喹啉）铝光学特性研究、栅绝缘层界面修饰对 OFET 性能的影响。通过综合实验设计教学不仅能够提高学生的动手能力和操作技能，而且能够培养学生在本领域的创新能力和创新意识。

4.1　器件结构对 OLED 光电性能的影响

【实验目的】

（1）巩固 OLED 的发光原理、基本结构等理论基础知识。

（2）学习 OLED 光电性能的影响因素，掌握 OLED 结构设计的基本原则。

（3）巩固和提高 OLED 制备和性能测试的操作技能。

【实验原理】

电致发光是活性物质在电场的作用下产生光辐射的过程，如果中间的活性物质是有机物，则称为有机电致发光。OLED 从简单的单层结构逐渐发展成较为复杂的多层结构，如图 4.1 所示。其中，图 4.1（b）所示的器件结构为典型的多层堆栈结构。空穴注入层（HIL）、空穴传输层（HTL）、电子注入层（EIL）、电子传输层（ETL）可以降低金属电极与活性发光层之间的势垒，更好地调控载流子平衡，从而降低器件的启亮电压、改善器件的发光性能、提高器件的稳定性等。

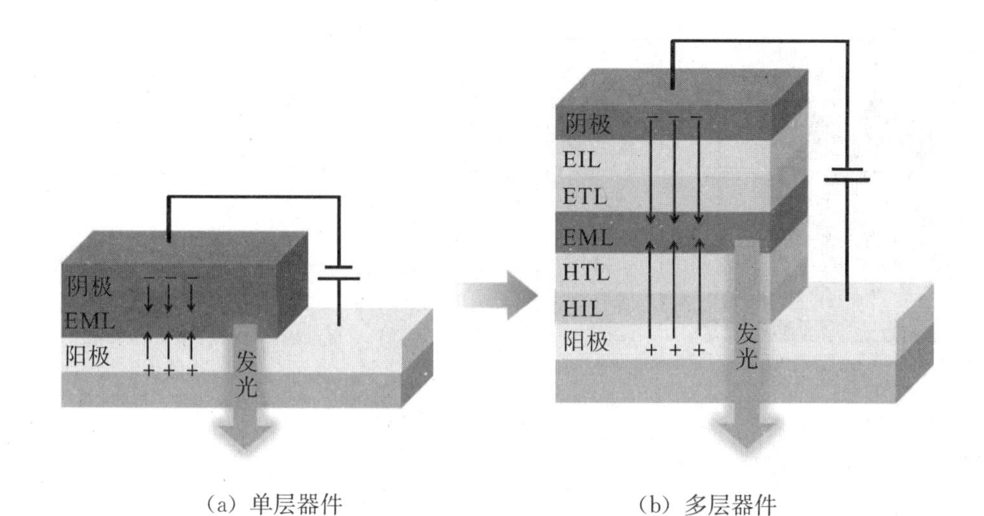

（a）单层器件　　（b）多层器件

图 4.1　OLED 结构示意图

OLED 利用有机材料的光电特性，将电能转化为光能。器件的发光原理是由阳极注入的空穴与由阴极注入的电子在发光层中复合形成激子，激子通过辐射跃迁至基态，产生电致发光现象。如图 4.2 所示，发光过程主要分为以下四个阶段：

（1）载流子注入：在电场的作用下，电子和空穴分别克服注入势垒（φ_{Be}和 φ_{Bh}），由阴极和阳极向有机活性层注入。

（2）载流子传输：注入有机活性层最高占据能级（HOMO）上的空穴和最低空置能级（LUMO）上的电子形成空间电荷，在电场的作用下，电子和空穴在器件中相向迁移。

（3）载流子复合并产生激子：部分电荷进入发光层，相遇并复合形成激子。

（4）发光：激子通过辐射跃迁，产生电致发光现象。

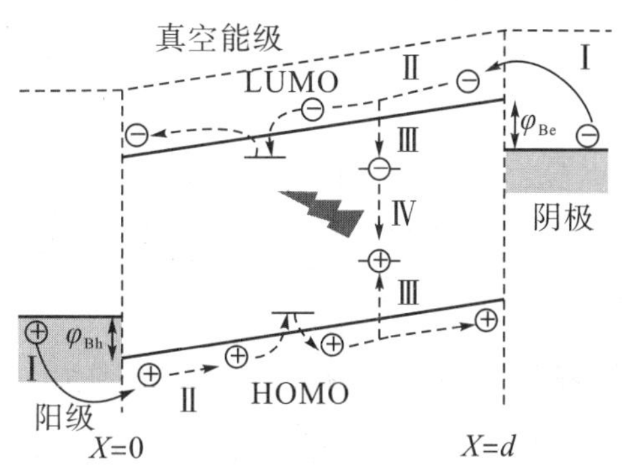

图 4.2　有机电致发光机理示意图

本综合实验基于科研成果设计了 ITO/MoO_3(5 nm)/Alq_3(70 nm)/Bphen(30 nm)/LiF(1 nm)/Al(70 nm)、ITO/MoO_3(5 nm)/NPB(60nm)/Alq_3(70 nm)/LiF(1 nm)/Al(70 nm)、ITO/MoO_3(5 nm)/NPB(60 nm)/Alq_3(70 nm)/Bphen(30 nm)/LiF(1 nm)/Al(70 nm)三种结构的 OLED，分别用 1＃器件、2＃器件、3＃器件来表示，如图 4.3 所示。

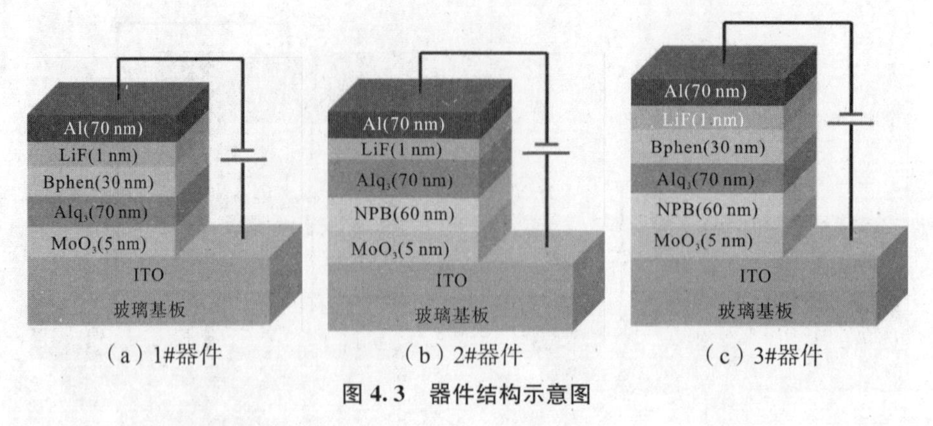

图 4.3　器件结构示意图

其中，MoO_3为阳极修饰材料；N,N′－二苯基－N,N′－（1－萘基）－1,1′－联苯－4,4′－二胺（NPB）为空穴传输材料；三（8－羟基喹啉）铝（Alq_3）为发光材料，同时具有电子传输性质；4,7－二苯基－1,10－菲啰啉（Bphen）作为电子传输材料和阻挡层；LiF 为电子注入层。三种有机材料的分子结构如图 4.4 所示。1＃器件和 2＃器件作为对比器件分别缺少空穴传输层（NBP）和电子传输层（Bphen），与 3＃器件的光电性能有显著差异。

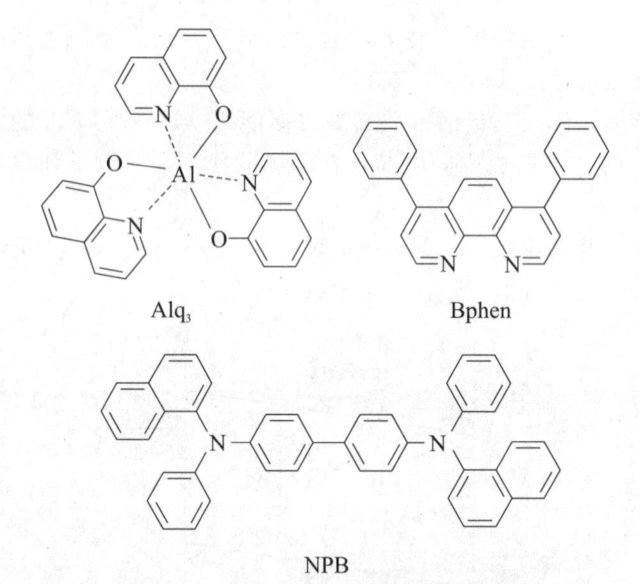

图 4.4　Alq_3、Bphen、NPB 的分子结构

【实验试剂与仪器】

1. 试剂和材料

三（8－羟基喹啉）铝（Alq_3），N,N′－二苯基－N,N′－（1－萘基）－1,1′－联苯－4,4′－二胺（NPB），4,7－二苯基－1,10－菲啰啉（Bphen），LiF，Al（99.999%），光学玻璃清洗剂，超纯水。根据实验需要定制图形化的 ITO 玻璃和基板掩膜板，器件的发光尺寸为 3 mm×3 mm。

2. 仪器

超声清洗仪（宁波新芝生物科技股份有限公司，SB-120D），高真空镀膜机（Angstrom Engineering，Nexdep），等离子体清洗机（Diener，Femto），光谱光度计（北京奥博迪光电技术有限公司，OPT-2000），半导体测试仪（Agilent Technologies，B-1500A），光度计，测试盒，万用表。

【实验部分】

实验包括 OLED 的制备和光电性能测试两部分。OLED 制备过程主要包括基板清洗、等离子体处理、成膜和封装等过程，如图 4.5 所示。本综合实验在手套箱内完成光电性能测试，无须对器件进行封装。

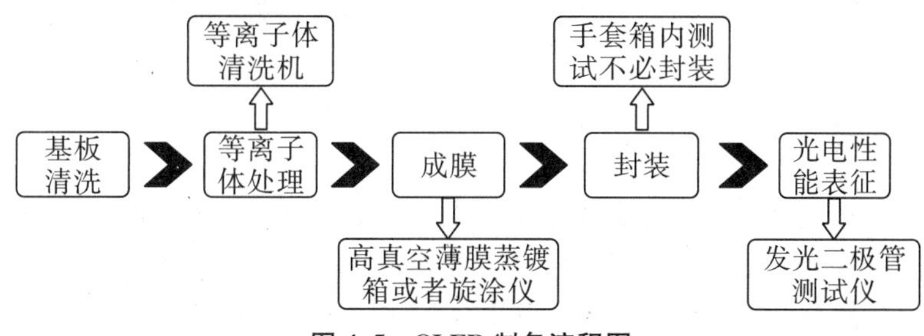

图 4.5　OLED 制备流程图

1. 基板清洗

(1) 5%碱液 70℃超声清洗 10 min，去除表面的污染物。

(2) 去离子水 60℃超声清洗 10 min，用同样的方法清洗两次，去除表面的洗涤剂。

(3) 去离子水煮沸 5 min，超声清洗 10 min。

(4) 去离子水常温超声清洗 10 min，用同样的方法清洗两次。清洗完毕后，ITO 基板应透明且不挂水珠，否则重复上述清洗步骤。

(5) 将清洗完毕的 ITO 基板置于烘箱内于 120℃干燥 2 h，确保基板完全干燥。

将清洗干净的基板（ITO 面向上）放入等离子体真空腔室内，以纯氧为工艺气体（腔内压力为 0.3～0.4 mbar，功率设置为 75%）处理 10 min。处理完毕后，将基板转移至蒸镀手套箱内。

2. 器件制备

(1) 在样品台上依次放入掩膜板和 ITO 玻璃。

(2) 将装有 MoO_3、NPB、Alq_3、Bphen 的坩埚放入相应的蒸发源，将 LiF 和 Al 放入相应的蒸发舟，关闭蒸镀箱的箱门。

(3) 根据三种 OLED 的结构分别编辑三种器件的蒸镀工艺程序。各活性材料的蒸镀条件见表 4.1。根据实验设计的器件结构，依次调用不同的蒸镀工艺程序制备活性膜层。

表 4.1 各活性材料的蒸镀条件

材料名称	最大功率（%）	目标速率（Å/s）	目标厚度（nm）	精度阈值（%）	蒸镀时真空度（Pa）
MoO_3	17	0.2	5	10	6×10^{-4}
NPB	12	1	60	10	6×10^{-4}
Alq_3	11	1	70	10	6×10^{-4}
Bphen	11	1	30	10	6×10^{-4}
LiF	16	0.1	1	12	3×10^{-4}
Al	46	1	70	12	3×10^{-4}

（4）有机活性层蒸镀完毕后，更换掩膜板，调用金属层蒸镀工艺程序，依次蒸镀电子注入层和金属层。三种结构的 OLED 制作方法相同，器件制作完毕后测试器件的光电性能。

3. 光电性能测试

利用半导体测试仪、光度计和光谱光度计对 OLED 的光电性能和发光光谱进行表征和分析，测试装置如图 4.6 所示。OLED 光谱测试方法详见“2.6.2 光谱测试仪的操作技能培训”部分。半导体测试仪的操作方法和测试程序编辑方法详见“2.6.4 半导体测试仪与光度计联用测试装置的操作技能培训”部分。

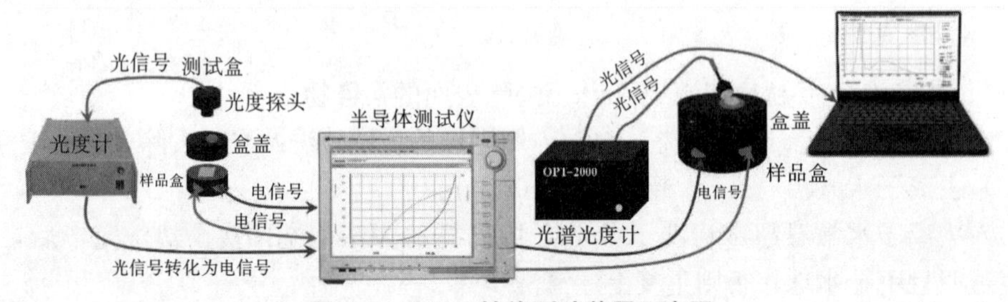

图 4.6 OLED 性能测试装置示意图

OLED 光电性能测试的基本步骤如下：

（1）将 OLED 置于测试盒内。

（2）放置光度探头，连接导线。

（3）开启光度计，打开半导体测试仪的电源。

（4）启动半导体测试仪的 EasyEXPERT 软件，在“My Foverite”的“Experimental Teaching”中选中“I/V B* 10000”，点击“Recall”。

（5）在“Measurement”中设置阳极的扫描范围为 0~12 V。

（6）点击 ▶ 开始测试。

（7）更换电极连接点，改变发光区域，点击 ▶ 开始测试，可以测得不同发光区域的光电特性。每片 OLED 包含四个发光区域，将实验结果记录于表 4.2。

表 4.2　光电性能测试记录表

器件编号	启亮电压（V）	最大电流密度（A/cm^2）	最大亮度（cd/cm^2）	最大电流效率（cd/A）	外量子效率（%）
1#					
2#					
3#					

利用光谱光度计测试 OLED 的发光光谱和色度等性能参数，记录相关的测试数据。光谱光度计和操作软件具体的操作方法详见“2.6.2　光谱测试仪的操作技能培训”部分。发光光谱测试的基本操作步骤如下：

（1）打开电脑，启动 OPT-2000 光谱光度计操作软件。

（2）在测量界面设置波长范围和平均次数。

（3）利用半导体测试仪给 OLED 施加恒定电压，施加的电压分别为 4 V、6 V、8 V。

（4）将光纤探头对准发光区域，点击“采样”，光纤探头即开始采集发光区域的光谱信号和光度信号。当发光区域的光谱稳定且达到测量要求后，点击“停止”完成测试，测得电致发光光谱，保存光谱数据。通过“数据处理”→“显示马蹄图”可查看 OLED 发光光谱的 CIE 色坐标的马蹄图。测试完毕后，将实验结果记录于表 4.3。

表 4.3　光谱测量参数和电致发光光谱信息记录表

器件编号	施加电压（V）	发光峰位（nm）	CIE 色坐标	
			x	y
1#	4			
	6			
	8			
2#	4			
	6			
	8			
3#	4			
	6			
	8			

【实验课程安排】

本实验课程时长为32学时，实验教学内容分为三大模块逐步开展，包括基础理论讲授、技能培训和实验部分。本实验课程的教学内容和教学目的见表4.4。

表4.4　本实验课程安排表

教学内容		教学目的
基础理论讲授		了解有机发光材料的发展和研究现状，学习薄膜制备技术和OLED性能测试技术
技能培训	高真空镀膜机	学习高真空镀膜机的基本结构和工作原理，熟练掌握高真空镀膜机的操作方法
	等离子体清洗机	学习等离子体清洗机的基本结构和工作原理，熟练掌握等离子体清洗机的操作方法
	半导体测试仪	了解半导体测试仪在半导体器件领域中的应用，熟练掌握半导体测试仪测试OLED光电性能的方法
实验部分	ITO基板前处理	根据实验设计内容，对ITO基板进行清洗和等离子体处理
	器件制备	根据实验设计的器件结构，采用真空蒸镀法制备不同结构的OLED
	性能测试	利用半导体测试仪、光度计、光谱仪等测试OLED的光电性能

思考题

（1）请简述OLED制备的基本工艺流程。

（2）OLED有哪些性能指标？请列举至少三个性能指标，说明各项参数的意义和作用。

（3）MoO_3无机薄膜在OLED中的作用是什么？MoO_3的厚度是否会影响OLED的光电性能？

（4）利用光学玻璃清洗剂清洗完ITO基板后，为何还需要用等离子体清洗机处理基板表面？用等离子体处理基板表面的作用是什么？

（5）在底发射结构OLED中为何常选用ITO玻璃作为基板和阳极？

（6）Alq_3是绿色荧光材料，可作为OLED的发光层，为何也可以作为电子传输层？

（7）请自行设计一种可能提高Alq_3电致发光性能的器件结构，并简单说明如此设计的理由。

推荐参考资料

[1] 黄维，密保秀，高志强．有机电子学［M］．北京：科学出版社，2011.
[2] 陈金鑫，黄孝文．OLED梦幻显示器——材料与器件［M］．北京：人民邮电出版社，2011.
[3] 张小文，陈国华，马传国．有机电致发光器件制备与表征综合型实验设计及教学示范［J］．实验

科学与技术，2018，16（4）：52－55.
[4] 张新稳，胡琦. 有机电致发光器件的稳定性 [J]. 物理学报，2012，61（20）：207802.
[5] Zhang J，Frenking G. Quantum Chemical Analysis of the Chemical Bonds in Tris（8-hydroxyquinolinato）aluminum as a Key Emitting Material for OLED [J]. The Journal of Physical Chemistry A，2004，108（46）：10296－10301.

4.2　三（8－羟基喹啉）铝光学特性研究

【实验目的】

（1）学习光学材料光致发光、电致发光的基本过程和发光原理。

（2）熟知发光二极管结构设计原则和制作工艺，学习高真空镀膜机、等离子体清洗机、半导体测试仪的基本结构和工作原理，熟练掌握有机薄膜器件制备技术和测试技术。

（3）熟悉稳态荧光光谱仪的结构和工作原理，熟练掌握稳态荧光光谱仪的操作方法。

【实验原理】

有机分子发光作为重要的光物理过程被广泛研究和应用。材料发光是指材料吸收某种形式的能量而形成激子（处于激发态的分子），再以电磁辐射的形式回到基态的过程。单线态激子的电磁辐射过程产生荧光，三重态激子的电磁辐射过程产生磷光。使有机分子受到激发形成激子产生发光现象的过程主要包括以下三种情况：①发光分子吸收电磁辐射产生激子，激子发生辐射跃迁产生光致发光现象；②在电场作用下发光分子产生激子，激子发生辐射跃迁，产生电致发光现象；③发光分子吸收高能电子的能量产生激子，激子发生辐射跃迁产生阴极发光现象。

光致激发过程是分子吸收光形成激发态分子的过程。当光的能量大于分子的能隙时，一个光子可以被一个分子吸收，使分子由基态转变为激发态，分子中的电子由 HOMO 跃迁至 LUMO 或者更高能级，分子内形成相互束缚的电子-空穴对，过程如图 4.7（a）所示。电致激发过程是在有机分子薄膜的两端施加电压，当正负极功函数分别与有机分子的 HOMO 和 LUMO 相匹配时，空穴和电子会分别由两个电极注入形成阳离子极化子和阴离子极化子。在电场的作用下，极化子相向运输并可能相遇。阳离子极化子俘获邻近分子中的电子或者阴离子极化子俘获邻近分子中的空穴，形成相互束缚的空穴-电子对，从而形成由电场注入的中性激子，过程如图 4.7（b）所示。

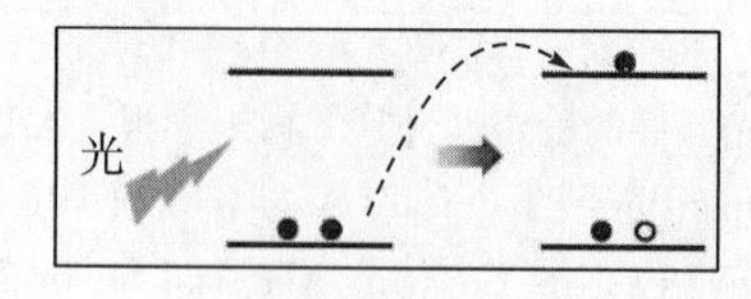

(a) 光致激发过程

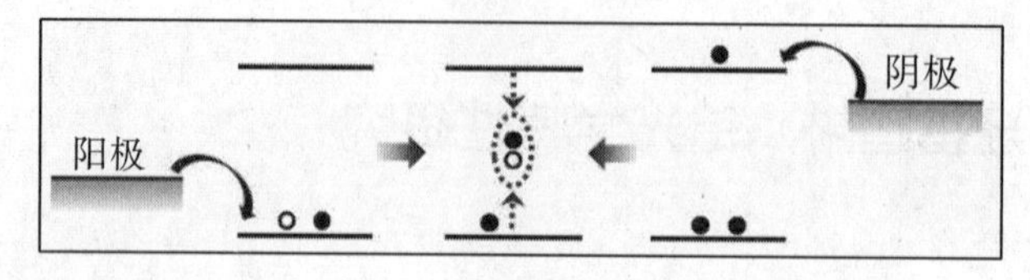

(b) 电致激发过程

图 4.7　发光物质的激发过程示意图

综合实验分别利用半导体测试仪和稳态荧光光谱仪测定 Alq_3 薄膜的光致发光性能和电致发光性能。其中，Alq_3 的分子结构如图 4.8（a）所示。首先，制备两种结构薄膜：一种是 Alq_3 光致发光薄膜，采用真空蒸镀法在石英片表面直接沉积 50 nm 的 Alq_3，形成光致发光薄膜，薄膜结构如图 4.8（b）所示；另一种是 OLED，采用真空蒸镀法在图形化的 ITO 玻璃表面依次沉积空穴注入层、空穴传输层、发光层、电子传输层、电子注入层和阴极。OLED 的结构为 ITO/MoO_3(5 nm)/NPB(60 nm)/Alq_3(70 nm)/Bphen(30 nm)/LiF(1 nm)/Al(70 nm)，如图 4.8（c）所示。在 OLED 中，MoO_3 为阳极修饰材料，可以作为空穴注入层，N,N′－二苯基－N,N′－（1－萘基）－1,1′－联苯－4,4′－二胺（NBP）为空穴传输材料，三（8－羟基喹啉）铝（Alq_3）为发光材料，4,7－二苯基－1,10－菲啰啉（Bphen）为电子传输材料，LiF 为电子注入材料。

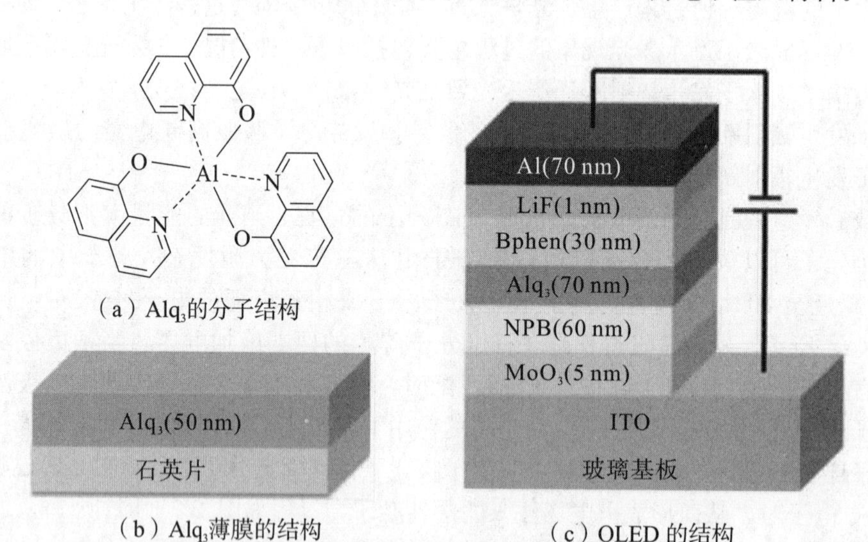

(a) Alq_3的分子结构

(b) Alq_3薄膜的结构　　(c) OLED 的结构

图 4.8　Alq_3 薄膜、OLED 的结构与发光物质的分子结构

【实验试剂与仪器】

1. 试剂和材料

光学玻璃清洗剂，乙醇，异丙醇，超纯水，三（8－羟基喹啉）铝（Alq_3），N,N′－二苯基－N,N′－（1－萘基）－1,1′－联苯－4,4′－二胺（NPB），4,7－二苯基－1,10－菲啰啉（Bphen），LiF，Al（3 mm×3 mm，99.999%）。根据实验需要定制图形化的 ITO 玻璃和基板掩膜板，OLED 的发光尺寸为 3 mm×3 mm。定制的石英片（1 cm×2 cm）、有机掩膜板、金属掩膜板。

2. 仪器

稳态荧光光谱仪（Horiba，FluoroMax-4），超声清洗仪（宁波新芝生物科技股份有限公司，SB-120D），高真空镀膜机（Angstrom Engineering，Nexdep），薄膜控制仪[Angstrom Engineering，VG-TFG(C)-6]，等离子体清洗机（Diener，Femto），自动封装仪，半导体测试仪（Agilent Technologies，B-1500A），光度计，光谱光度计（北京奥博迪光电技术有限公司，OPT-2000），测试盒。

【实验部分】

OLED 制备流程如图 4.9 所示，包括基板清洗、基板预处理、有机活性层构筑、金属电极制备、器件封装和性能测试等工艺步骤。

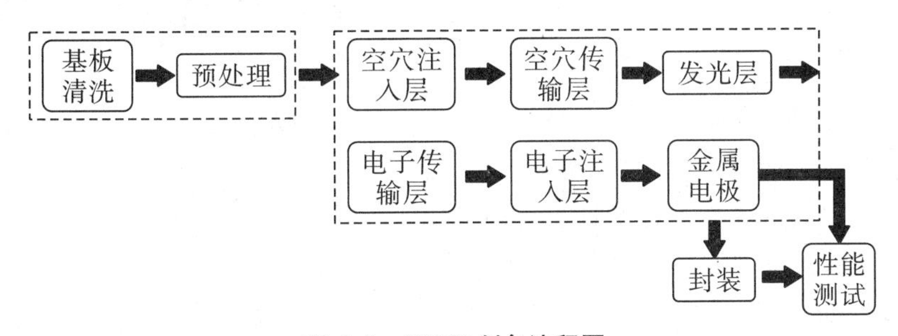

图 4.9　OLED 制备流程图

1. 基板清洗

（1）5%碱液 70℃超声清洗 10 min，去除表面的污染物。

（2）去离子水 60℃超声清洗 10 min，用同样的方法清洗两次，去除表面的洗涤剂。

（3）去离子水煮沸 5 min，超声清洗 10 min。

（4）去离子水常温超声清洗 10 min，用同样的方法清洗两次。清洗完毕后，ITO 基板应透明且不挂水珠，否则重复上述清洗步骤。

（5）将清洗完毕的 ITO 基板置于烘箱内于 120℃干燥 2 h，确保基板完全干燥。

将清洗干净的 ITO 基板置于等离子体清洗机中处理 10 min。等离子体清洗机工作条件：功率为 90%，工艺气体为高纯氧气，腔室压力为 0.3～0.4 mbar。

石英片分别用高纯水、异丙醇、乙醇、高纯水超声处理 15 min。用除尘枪除去石英片表面残留液体，干燥后备用。

2. 薄膜制备

将处理好的ITO基板和石英片转移至高真空镀膜机，放入样品台，准备真空镀膜，形成薄膜器件。根据 OLED 的结构编辑真空蒸镀工艺程序，各活性材料的蒸镀条件见表 4.5。

表 4.5 各活性材料的蒸镀条件

材料名称	最大功率（%）	目标速率（Å/s）	目标厚度（nm）	精度阈值（%）	蒸镀时真空度（Pa）
MoO_3	15	0.2	5	10	6×10^{-4}
NPB	12	1	60	10	6×10^{-4}
Alq_3	12	1	70	10	6×10^{-4}
Bphen	11	1	30	10	6×10^{-4}
LiF	16	0.1	1	15	3×10^{-4}
Al	46	1	70	12	3×10^{-4}

根据薄膜器件的结构，编辑和调用不同的蒸镀工艺程序。OLED 的有机活性层蒸镀完毕后，将有机掩膜板更换为金属掩膜板，继续蒸镀金属材料。Alq_3的光致发光薄膜的厚度为 50 nm，因此在石英片表面蒸镀一层厚度为 50 nm 的 Alq_3薄膜。

3. 器件封装

本实验中，为了避免氧气、水分等活性物质对活性膜层的损伤，利用自动封装仪对 OLED 进行封装。封装的方法如下：

（1）依次打开工作气、流量计、自动封装仪电源。

（2）点击操作手柄的“MODE”，将操作模式切换至“AUTO”，点击“CH”，输入封装主程序编号“11”，点击“ENT”，进入自动封装工艺程序。

（3）点击“START”，自动封装开始。

（4）封装完毕后，自动封装仪复位，依次关闭自动封装仪电源、流量计和工作气。

4. 电致发光性能测试

利用半导体测试仪、光度计和光谱仪对器件的光电性能和发光光谱进行表征和分析。

OLED 光电性能测试的基本步骤如下：

（1）将器件置于测试盒内（电极面向下，发光面向上）。

（2）放置光度探头，连接导线。

（3）开启光度计和半导体测试仪的电源。

（4）启动半导体测试仪的 EasyEXPERT 软件，在“My Foverite”的

“Experimental Teaching”中选中“I/V B* 10000”，点击“Recall”。

(5) 在“Measurement”中设置阳极的扫描范围为 0～12 V。

(6) 点击 ▶ 开始测试。

(7) 更换电极连接线，旋转测试盒盖，切换发光区域，点击 ▶ 开始测试。每片 OLED 包含四个发光区域，分别测试各个发光区域的光电性能，将测试结果记录于表 4.6。

表 4.6　光电性能测试记录表

测量次数	启亮电压 (V)	最大电流密度 (A/cm^2)	最大亮度 (cd/cm^2)	最大电流效率 (cd/A)	外量子效率 (%)
1					
2					
3					
4					

5. 电致发光光谱测试

利用光谱光度计测试 OLED 的发光光谱和色度等性能参数，记录相关的测试数据。光谱光度计和操作软件具体的操作方法详见“2.6.2　光谱测试仪的操作技能培训”部分。发光光谱测试的基本操作步骤如下：

(1) 打开电脑，启动 OPT-2000 光谱光度计操作软件。

(2) 在测量界面设置波长范围和平均次数。

(3) 利用半导体测试仪给 OLED 施加恒定电压，施加的电压分别为 4 V、6 V、8 V。

(4) 将光纤探头对准发光区域，点击“采样”，光纤探头即开始采集发光区域的光谱信号和光度信号。当发光区域的光谱稳定且达到测试要求后，点击“停止”完成测试，测得电致发光光谱，保存光谱数据。通过“数据处理”→“显示马蹄图”可查看 OLED 发光光谱的 CIE 色坐标的马蹄图。测试完毕后，将实验结果记录于表 4.7。

表 4.7　光谱测量参数和电致发光光谱信息记录表

施加电压 (V)	发光峰位 (nm)	CIE 色坐标	
		x	y
4			
6			
8			

6. 光致发光性能测试

利用稳态荧光光谱仪测试 Alq_3 薄膜的荧光激发光谱、发射光谱、绝对荧光量子产率等光致发光光谱信息，将实验结果记录于表 4.8。

表 4.8 Alq_3 薄膜光致发光光谱信息记录表

样　品	最佳激发（EX_{max}）	最佳发射（EM_{max}）	荧光量子产率（%）	CIE 色坐标	
				x	y
Alq_3 薄膜					

利用稳态荧光光谱仪测试 Alq_3 薄膜的基本步骤如下：

（1）开机。

①打开 UPS：打开仪器的不间断电源（UPS），待两个绿色指示灯亮，表明电源连接正常。

②预热：开启稳态荧光光谱仪（Horiba FluoroMax-4），打开电脑，预热 15～20 min。

③自检：开机自检，测试氙灯谱 467 nm 和纯净水拉曼散射峰 397 nm（350 nm 激发），保存自检文件（格式如 2020530YF-on），记录自检峰位和峰强。

（2）测试。

①薄膜激发和发射光谱测试：关闭 T 端检测器。狭缝一般为 1～5 nm，峰强低于 200 万 CPS，使用滤光片过滤半频峰和倍频峰。

②发光薄膜荧光量子产率测试：在测试固体薄膜的荧光量子产率时，用高纯氮气吹净固体薄膜表面，避免污染积分球。

（a）安装量子产率测试组件（积分球、光纤、出入光连接槽、固液体支架和其他附件）：确保光路通畅并一一对应，正确使用积分球支架。使用激光灯检查积分球使用情况，确保积分球无污染现象。

（b）积分球标样测试：硫酸奎宁标准溶液在 350 nm 激发下荧光量子产率为 54.5±5%。

（c）积分球校正：采用双曲线法校正积分球，校正区间为 330～750 nm。

（d）在“Spectral”→“Emission”模式下，在 S1 检测器模式下使用空白石英片调节的狭缝和步径，使激发光的强度为 80 万～120 万 CPS。通过调整狭缝宽度（1～3 nm）和减光片调节激发光强度。步径（Inc）设置：一般为狭缝宽度的五分之一至三分之一，保证峰形的圆滑。狭缝和步径设置完毕后，在 S1c 检测模式下设置收光区间。收光区间为（$\lambda-10$）～（$2\lambda-20$）nm，其中 λ 为激发光波长。

（e）将空白石英片取出，放入 Alq_3 薄膜，进行测试。

（f）计算荧光量子产率：选择相应的固液体校正文件，选取测试谱图和计算区间，计算量子产率。

（g）测试完毕，取出样品，再次检查积分球使用情况，确保无污染现象，将其他组件归置原位。

（3）关机。

①关机前自检，氙灯谱 467 nm 和纯净水拉曼散射峰 397 nm（350 nm 激发）峰位和峰强的确认，保存自检文件（格式如 20200530YF-off），记录自检峰位和峰强。

②关闭氙灯，待氙灯冷却后关闭机箱。

③关闭 UPS。

【实验课程安排】

本实验课程时长为 32 学时，实验教学内容分为三大模块逐步开展，包括基础理论讲授、技能培训和实验部分。本实验课程的教学内容和教学目的见表 4.9。

表 4.9 本实验课程安排表

<table>
<tr><th colspan="2">教学内容</th><th>教学目的</th></tr>
<tr><td colspan="2">基础理论讲授</td><td>了解有机发光材料的发展和研究现状；掌握薄膜制备工艺和相关的制备技术和测试技术</td></tr>
<tr><td rowspan="3">技能培训</td><td>高真空镀膜机</td><td>学习高真空镀膜机的基本结构和工作原理，熟练掌握高真空镀膜机的操作方法</td></tr>
<tr><td>半导体测试仪、光度计和光谱光度计</td><td>学习 OLED 测试装置的基本组成和工作原理，熟练掌握半导体测试仪、光度计、光谱光度计联用装置的操作方法</td></tr>
<tr><td>稳态荧光光谱仪</td><td>了解稳态荧光光谱仪的基本结构和工作原理，熟练掌握稳态荧光光谱仪的操作方法，包括激发光谱、发射光谱和绝对量子产率的测定方法等</td></tr>
<tr><td rowspan="4">实验部分</td><td>制备发光材料薄膜</td><td>根据实验设计内容制备发光材料薄膜</td></tr>
<tr><td>制备发光二极管</td><td>根据实验设计的器件结构制备发光二极管</td></tr>
<tr><td rowspan="2">性能测试</td><td>使用稳态荧光光谱仪测试发光材料薄膜的光致发光特性</td></tr>
<tr><td>使用半导体测试仪、光度计和光谱光度计联用装置测试发光二极管薄膜的电致发光特性</td></tr>
</table>

思考题

（1）请简述电致发光和光致发光的基本原理。

（2）测定固体薄膜的荧光量子产率时，薄膜厚度是否会影响发光分子的荧光量子产率？如何减少或者避免此影响？

（3）发光薄膜的电致发光光谱和光致发光光谱是否相同？为何会产生此现象？

（4）请简述 Alq_3 固体薄膜和溶液荧光激发光谱、荧光发射光谱的异同。为何会出现此种差异？

推荐参考资料

[1] 黄维，密保秀，高志强. 有机电子学 [M]. 北京：科学出版社，2011.

[2] 陈金鑫，黄孝文．OLED梦幻显示器——材料与器件［M］．北京：人民邮电出版社，2011.
[3] 武汉大学．分析化学（下册）［M］．北京：高等教育出版社，1978.

4.3 栅绝缘层界面修饰对 OFET 性能的影响

【实验目的】

（1）学习绝缘层界面修饰的作用和意义，熟练掌握常用的界面修饰的方法和技术。

（2）学习自组装形成单分子层和旋涂制膜修饰绝缘层的基本原理和制备工艺。

（3）学习和巩固 OFET 制作工艺，掌握旋涂仪和高真空镀膜机的使用方法。

（4）学习和巩固半导体测试仪的基本结构和工作原理，掌握半导体测试仪的使用方法。

【实验原理】

疏水表面可减弱半导体分子与界面之间的相互作用，提高 OFET 的迁移率。通过化学合成工艺调节具有自组装能力分子的结构和功能，采用浸泡和旋涂的方法在氧化物绝缘层上自组装形成单分子层。绝缘层表面的单分子层可调节界面的疏水性质和表面能，以改善半导体薄膜的成膜质量和取向性，从而提高 OFET 的性能。聚合物介电层具有表面能低、表面平整等特点，其作为无机绝缘层的缓冲层，调控绝缘层界面的化学性质和物理性质。常用的聚合物介电层修饰材料有聚甲基丙烯酸甲酯（PMMA）、聚苯乙烯（PS）、聚乙烯吡咯烷酮（PVP）、聚乙烯醇（PVA）等。

三氯硅烷（OTS）修饰二氧化硅绝缘层，可以改善介电层表面的有序性和粗糙度。如图 4.10（a）所示，OTS 一端具有与 SiO_2 相似的亲水性基团，另一端为疏水性基团。自组装后 OTS 在二氧化硅表面形成有序排列的单分子层，此单分子层有利于半导体薄膜的生长，有助于载流子的输运，从而提高 OFET 的性能。PMMA 具有绝缘性能高、表面能低、疏水性能强等特点，常用作绝缘层修饰材料，其分子结构如图 4.10（c）所示。PMMA 的强疏水性可有效防止界面羟基发生质子化反应，降低电子捕获度，提高器件在空气中的稳定性。

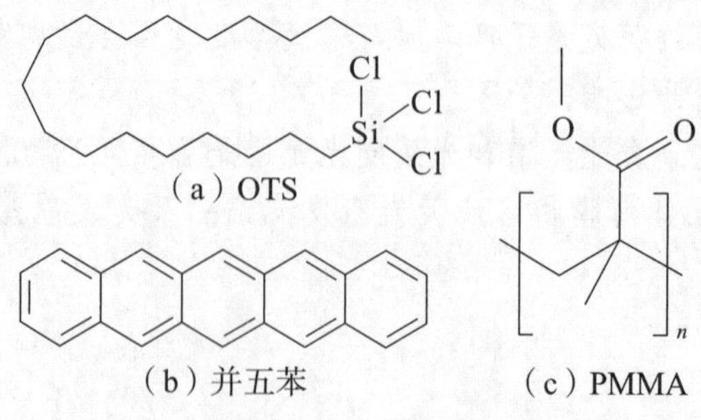

（a）OTS　（b）并五苯　（c）PMMA

图 4.10　分子结构

本实验采用不同的方法修饰二氧化硅绝缘层，改善 OFET 的性能。首先，利用自组装单分子层修饰栅绝缘层的优势，在 SiO_2 表面引入 OTS 修饰材料，改善绝缘层的界面性能，降低粗糙度，提高半导体材料的成膜性，从而提高器件的迁移率，器件结构如图 4.11（b）。其次，采用旋涂制膜的方法在硅片的栅绝缘层表面修饰 PMMA，制备如图 4.11（c）所示的器件。通过与 1＃器件对比，考察栅绝缘层界面修饰对 OFET 性能的影响。

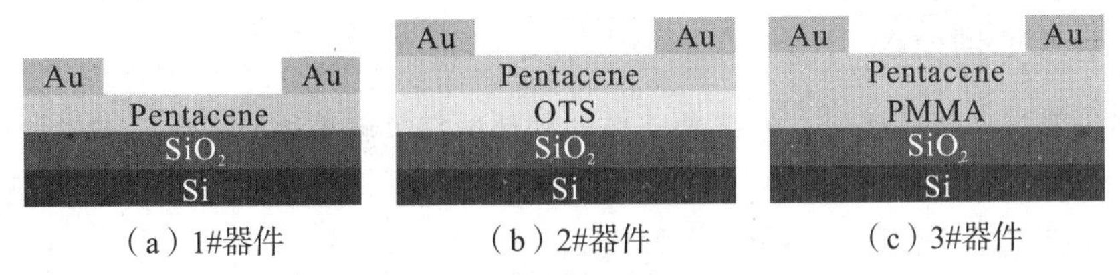

图 4.11　本实验的 OFET 结构示意图

常见表征场效应晶体管的性能参数包括迁移率、电流开/关比、阈值电压、输出特性曲线和转移特性曲线等。通过 I-U 测量，可以获得器件的转移特性曲线和输出特性曲线，经过推导和计算可以得到晶体管的迁移率、电流开/关比、阈值电压、亚阈值电压等参数。电流开/关比为在器件的“开”状态和“关”状态下输出电流的比值；阈值电压为开始出现沟道电流时的栅电压；迁移率描述单位电场下载流子的平均迁移速度。在实验中，固定栅电压（U_g）可以得到器件的输出特性曲线（I_d-U_d 曲线），固定源漏电压（U_d）可以得到器件的转移特性曲线（I_d-U_g 曲线）。对某一源漏电压下的转移特性曲线进行处理，结合场效应晶体管计算公式可以计算得到场效应晶体管的迁移率、电流开/关比和阈值电压，推导和计算方法详见“1.2.4　有机场效应晶体管的性能指标”部分。

【实验试剂与仪器】

1. 试剂和材料

表面有 300 nm SiO_2 层的单晶硅片，丙酮，乙醇，异丙醇，去离子水，高纯氮气，三氯硅烷（OTS），聚甲基丙烯酸甲酯（PMMA），并五苯，高纯金，硅片刀，钢尺，掩膜板。其中，掩膜板和 OFET 的尺寸详见“3.6　OFET 制备和性能测试”的“器件制备”部分。

2. 仪器

超声清洗仪（宁波新芝生物科技股份有限公司，SB-120D），等离子体清洗机（Diener，Femto），旋涂仪（Sawatec AG，SM-150/SM-180），高真空镀膜机（Braun），薄膜控制仪（Inficon，SQC-310C），半导体测试仪（Agilent Technologies，B-1500A）。

【实验部分】

1. 硅片切割和清洗

使用硅片刀、钢尺、载玻片对硅片进行切割处理，具体的切割和清洗方法详见“3.6 OFET制备和性能测试”的“硅片切割和清洗”部分，此处不赘述。

2. 等离子体处理

以高纯氧气作为工作气，对清洗干净的硅片进行等离子体处理。为了增加硅片表面的亲和性，等离子体处理功率为90%，处理时间为10 min。具体操作步骤如下：

（1）工艺气的工作压力小于0.1 MPa。

（2）将1＃器件、2＃器件和3＃器件放入真空腔室（二氧化硅的抛光面向上），关闭腔室门。

（3）依次开启电源、真空泵，当腔室真空度小于0.4 mbar时，等离子体清洗仪自动启动。开启工作气，调节流量阀，使腔室平衡压力为0.3～0.4 mbar。

（4）当腔室内工作压力稳定后，按下“GENERATOR”按钮。

（5）等离子体处理完毕后，依次关闭工作气、流量阀、真空泵。然后启动“VENTILATION”，充气完毕后，关闭“VENTILATION”。

（6）取出1＃器件、2＃器件和3＃器件，关闭腔室门和电源。

3. 器件制备

（1）使用甲苯配制浓度为3 mg/mL的OTS溶液，将干燥的硅片浸泡在配制好的OTS溶液中12 h，使OTS在SiO_2表面进行自组装，将OTS栅绝缘层修饰的硅片标记为2＃。

（2）使用氯苯配制浓度为3 mg/mL的PMMA溶液，使用旋涂仪制备PMMA薄膜修饰层。旋涂制膜条件为3000 rpm，1 min。旋涂制膜完毕后，100℃退火处理15 min。将PMMA栅绝缘层修饰的硅片标记为3＃。

（3）将掩膜板、1＃器件[①]、2＃器件、3＃器件依次放入高真空镀膜机的样品台，进行真空镀膜。在真空度为6×10^{-4} Pa的条件下，以1 Å/s速度蒸镀并五苯，其目标厚度为50 nm。

（4）半导体薄膜蒸镀完毕后，更换掩膜板，继续蒸镀金属电极层，其目标厚度为70 nm，材料的蒸镀条件见表4.10。蒸镀工艺程序的编辑方法和调用方法详见“2.4.4 薄膜控制仪的操作技能培训”部分。

① 1＃器件为空白器件，作为2＃器件和3＃器件的对比实验。

表 4.10　材料的蒸镀条件

材料名称	最大功率（%）	目标速率（Å/s）	精度阈值（%）	目标厚度（nm）	开始蒸镀时的腔室压力（Pa）
并五苯	12	1	10	50	6×10^{-4}
高纯金	47	0.2	12	70	3×10^{-4}

4. 性能测试

（1）将 1＃器件放置于探针台上，SUM1、SUM2、SUM3 分别与源极、漏极、栅极连接，测定 1＃器件的沟道长度和沟道宽度分别为 150 μm 和 960 μm 时的电学性质。

（2）开启半导体测试仪，调用场效应晶体管输出特性测试程序，固定栅电压（分别设置为 0 V、−20 V、−40 V、−60 V 等），分别测试 I_d-U_d曲线，源漏电压扫描范围为 −80～0 V。将输出特性曲线的测试结果记录于表 4.11。

（3）调用场效应晶体管的转移特性曲线，固定源漏电压（分别设置为 0 V、−20 V、−40 V、−60 V 等），分别测定 I_d-U_g曲线，栅电压扫描范围为−60～20 V。将转移特性曲线的测试结果记录于表 4.12。

采用相同的方法测定 2＃器件和 3＃器件的沟道长度和沟道宽度分别为 150 μm 和 960 μm 时的电学性质，并将测定结果分别记录于表 4.11 和表 4.12。探针台和半导体测试仪的操作方法和参数设置方法详见“2.7　OFET 性能测试”部分，此处不赘述。

表 4.11　输出特性曲线数据记录表

器件编号	器件结构	栅电压（V）	夹断电压（V）	饱和电流（mA）
1＃	L=150 μm W=960 μm	0		
		−20		
		−40		
		−60		
2＃	L=150 μm W=960 μm	0		
		−20		
		−40		
		−60		
3＃	L=150 μm W=960 μm	0		
		−20		
		−40		
		−60		

表 4.12　转移特性曲线数据记录表

器件编号	器件结构	源漏电压（V）	栅电压为−40 V时的源漏电流（mA）
1#	L=150 μm W=960 μm	0	
		−20	
		−40	
		−60	
2#	L=150 μm W=960 μm	0	
		−20	
		−40	
		−60	
3#	L=150 μm W=960 μm	0	
		−20	
		−40	
		−60	

5. 数据处理

通过测定不同栅电压对应的 I_d-U_d 曲线可以了解器件的输出特性，分析可以得到某一栅电压下器件的夹断电压和饱和电流。通过分析某一饱和源漏电压对应的 I_d-U_g 曲线，可以得到器件的阈值电压、电流开/关比、迁移率等性能参数。对某一饱和源漏电压下的转移特性曲线（I_d-U_g曲线）进行数据处理和推导，可以得到 OFET 的各项性能参数，记录于表 4.13。

表 4.13　实验数据处理结果记录表

器件编号	器件结构	栅电压（V）	夹断电压（V）	饱和电流（mA）	阈值电压（V）	电流开/关比	迁移率［cm^2/（V·s）］
1#	L=150 μm W=960 μm						
2#	L=150 μm W=960 μm						
3#	L=150 μm W=960 μm						

【实验课程安排】

本实验课程时长为 32 学时，实验教学内容分为三大模块逐步开展，包括基础理论讲授、技能培训和实验部分。本实验课程的教学内容和教学目的见表 4.14。

表 4.14　本实验课程安排表

教学内容		教学目的
基础理论讲授		学习有机场效应晶体管性能的影响因素和栅绝缘层界面修饰方法；掌握有机场效应晶体管的基本性能指标、意义和推导方法；学习薄膜构筑工艺、制备和测试技术
技能培训	高真空镀膜机	学习高真空镀膜机的基本结构和工作原理，熟练掌握高真空镀膜机的操作方法
	等离子体清洗机	学习等离子体清洗机的基本结构和工作原理，熟练掌握等离子体清洗机的操作方法
	探针台	学习探针台的基本结构和工作原理，熟练掌握探针台的操作方法
	半导体测试仪	学习半导体测试仪在半导体器件领域中的应用；熟练掌握半导体测试仪的测试技术
	硅片切割操作	熟练掌握硅片切割的基本方法和注意事项
实验部分	硅片切割和前处理	根据实验设计内容依次对硅片进行切割、清洗和等离子体处理
	OFET 器件制备	根据实验设计的器件结构，修饰栅绝缘层和制备不同结构的 OFET
	电学性能测试	利用半导体测试仪测试三种器件的 *I-U* 性能，记录相关的实验数据

思考题

（1）请简述三氯硅烷在二氧化硅表面发生自组装的基本过程。

（2）一般采用自组装的方法制备三氯硅烷单分子层，是否可采用旋涂法制备三氯硅烷单分子层修饰栅绝缘层？请简要说明原因。

（3）采用旋涂法制备 PMMA 修饰层时，如何调控 PMMA 薄膜的厚度？尝试列举几种可行的方案。

（4）退火处理的条件是否会影响 PMMA 薄膜的质量和 OFET 的性能？请说明原因。

（5）聚合物或者单分子层修饰栅绝缘层后，将如何影响 OFET 的性能？为何会影响器件性能？

推荐参考资料

[1] 黄维，密保秀，高志强．有机电子学［M］．北京：科学出版社，2011.

[2] 胡文平．有机场效应晶体管［M］．北京：科学出版社，2011.

[3] 王筱梅，叶常青．有机光电材料与器件［M］．北京：化学工业出版社，2013.

[4] 叶常青，王筱梅，丁平．有机光电材料与器件实验［M］．北京：化学工业出版社，2018.

[5] Wang Y，Huang X，Li T，et al. Polymer-Based Gate Dielectrics for Organic Field-Effect Transistors［J］. Chemistry of Materials，2019，31（7）：2212−2240.

[6] Holliday S，Donaghey J E，McCulloch I. Advances in Charge Carrier Mobilities of Semiconducting

Polymers Used in Organic Transistors [J]. Chemistry of Materials，2014，26 (1)：647－663.
[7] Cai W，Wilson J，Zhang J，et al. Significant Performance Enhancement of Very Thin InGaZnO Thin-Film Transistors by a Self-Assembled Monolayer Treatment [J]. ACS Applied Electronic Materials，2020，2 (1)：301－308.